复合材料与工程专业实验

主　编　范红青

副主编　谢小林　洪　珍　周建萍

哈尔滨工业大学出版社

内 容 简 介

本书既有复合材料专业基础实验知识点的覆盖，还有复合材料综合性、设计性实验项目的开发。本书共分 3 章：第 1 章为绪论，综述了复合材料基本性能及表征、实验误差与数据处理等实验基础知识；第 2 章为复合材料专业基础实验，主要包括不饱和聚酯树脂的合成及酸值测定，复合材料树脂基体浇注体的制备，复合材料电阻率的测定，复合材料常规力学性能测试，玻璃钢的制备，酚醛树脂凝胶时间、挥发分、树脂含量和固体含量测定等实验项目；第 3 章为复合材料专业综合实验，主要包括热塑性复合材料的制备及撕裂强度测定、航空复合材料修补、树脂复合材料增韧配方设计、航空复合材料 RTM 成型、阻燃复合材料配方设计及氧指数测定、纤维的表面处理及性能测试等实验项目。

本书可作为高等学校复合材料与工程类的专业实验教材，也可作为复合材料工程领域技术人员的参考书。

图书在版编目（CIP）数据

复合材料与工程专业实验 / 范红青主编. — 哈尔滨：哈尔滨工业大学出版社，2022.10

ISBN 978-7-5767-0256-9

Ⅰ. ①复… Ⅱ. ①范… Ⅲ. ①复合材料-教材 Ⅳ. ①TB33

中国版本图书馆 CIP 数据核字（2022）第 121749 号

策划编辑　王桂芝
责任编辑　李青晏
出版发行　哈尔滨工业大学出版社
社　　址　哈尔滨市南岗区复华四道街 10 号　邮编 150006
传　　真　0451-86414749
网　　址　http://hitpress.hit.edu.cn
印　　刷　黑龙江艺德印刷有限责任公司
开　　本　720 mm×1 000 mm　1/16　印张 8.5　字数 137 千字
版　　次　2022 年 10 月第 1 版　2022 年 10 月第 1 次印刷
书　　号　ISBN 978-7-5767-0256-9
定　　价　48.00 元

前　　言

　　本书为南昌航空大学复合材料与工程四年制本科的专业实验指导书，是在本校复合材料专业实验讲义基础上进行修改与编写的，作为单独开设的复合材料专业实验课程的教材。

　　本书既有复合材料专业基础实验知识点的覆盖，还有复合材料综合性、设计性实验项目的开发。本书共分 3 章：第 1 章为绪论，综述了复合材料基本性能及表征、实验误差与数据处理等实验基础知识；第 2 章为复合材料专业基础实验，主要包括不饱和聚酯树脂的合成及酸值测定，复合材料树脂基体浇注体的制备，复合材料电阻率的测定，复合材料常规力学性能测试，玻璃钢的制备，酚醛树脂凝胶时间、挥发分、树脂含量和固体含量测定等实验项目；第 3 章为复合材料专业综合实验，主要包括热塑性复合材料的制备及撕裂强度测定、航空复合材料修补、树脂复合材料增韧配方设计、航空复合材料 RTM 成型、阻燃复合材料配方设计及氧指数测定、纤维的表面处理及性能测试等实验项目。本书实验内容与"复合材料学""材料复合原理""复合材料工艺与设备""复合材料结构设计基础""复合材料聚合物基体"等课程密切相关，实验涉及复合材料与工程的原材料、加工成型、成型设备及成型制品等方面，内容包括性能检测、操作规范、设备控制和工艺技术等实际操作的综合训练，重点阐述了各实验的基本原理、仪器设备和操作要点。实验涉及的性能测试条件、操作方法和数据处理均参照相应的国家标准。本书可作为高等学校复合材料与工程类的专业实验教材，也可作为复合材料工程领域技术人员的参考书。

　　本书由南昌航空大学多名长期从事实验教学、教研的老师编写，由范红青老师担任主编，谢小林老师、洪珍老师、周建萍老师担任副主编。其中，第 1 章由谢小林老师、周建萍老师编写；第 2 章、第 3 章由范红青老师、洪珍老师编写。本书在编写过程中还得到了学院领导的关心和支持，在此表示感谢！

由于可供参考的同类教材比较少，本书在编写过程中参考了许多文献资料，篇幅所限，无法详细举例，在此向文献资料的作者表示真挚的谢意。

由于编者水平有限，书中疏漏之处在所难免，热切希望专家和读者批评指正，以便我们进行修改、补充和不断完善。

编　者

2022 年 3 月

目　　录

第 1 章 绪论

1.1 复合材料基本性能及其表征方法简介

复合材料以其优良的性能让世人瞩目，在很多高新技术上得到应用。复合材料的主要品种为纤维增强塑料。近年来随着碳-碳、陶瓷基、金属基复合材料、纤维多向编织物等新材料的出现，越来越展示了复合材料在高技术、高性能方面的开发前景。当前复合材料应用最广的是树脂基复合材料。在复合材料中基体的作用是支撑增强材料，并以切应力形式将外载传递给增强材料。此外，基体对增强材料起保护作用，以免受环境的侵蚀。复合材料制件成型工艺决定于树脂的工艺性，复合材料的损伤容限、使用温度也主要取决于基体。

复合材料的聚合物基体分为两类：一类为热固性树脂，另一类为热塑性树脂。在成型前热固性树脂多数是液体流动状态，热塑性树脂是固体粉粒料状态。在成型过程中，热固性树脂主要由化学交联反应固化定型，热塑性树脂与助剂共熔体由物理过程冷却凝固定型。成型之后，树脂已转化成为塑料。从测试技术的角度考虑，在成型前主要检验树脂的工艺性能以保证基体材料的质量，从而保证复合材料的性能；在成型后主要检验塑料性能，为复合材料提供基本的性能指标，这对于研究复合材料的性能与结构的关系是不可缺少的前提。树脂基体对复合材料的力学性能有重要影响，对横向性能与压缩和剪切性能的影响最为显著。复合材料的耐热性能、耐老化性能、黏性和铺叠性、凝胶时间、预浸料储存稳定性、成型温度、成型压力、成型时间等是由树脂基体决定的。

通常对先进复合材料树脂基体的要求是高强度、韧性好、耐湿热性能好、成型温度低、成型压力小、成型时间短；预浸料储存期长、加压带宽、工艺性能好、与增强纤维黏接性能好、玻璃化转变温度高、固化后收缩率低、毒性小。常用树脂体系性能比较见表 1.1。高性能热塑性树脂品种见表 1.2。

表 1.1 常用树脂体系性能比较

树脂名称	工艺性	力学性能	耐热性能	韧性	稳定性	成本	复合性纤维	使用范围
聚酯	优	差	差	差	良	低	玻璃纤维	装饰表面
环氧	优	良	低	优	优	中	玻璃、碳、芳纶	各种结构件
酚醛	良	中	低	差	优	低	玻璃纤维	内装饰件
双马来酰胺	良	优	中	良	优	中	玻璃、碳、芳纶	高温主承力件
聚酰亚胺	差	优	高	良	优	高	玻璃、碳、芳纶	耐高温结构件
热塑性树脂	差	优	中	优	优	高	玻璃、碳、芳纶	各种结构件

表 1.2 高性能热塑性树脂品种

热塑性树脂	缩写	玻璃化温度/℃	熔融温度/℃	工作温度/℃
聚醚醚酮	PEEK	143	343	360～400
聚醚酮酮	PEKK	156	338	370
聚醚酮	PEK	165	365	400～450
聚醚砜	PES	260	360	400～450
聚酰亚胺	PI	250～280	325	350
聚醚酰亚胺	PEI	270	380	380～420
聚苯硫醚	PPS	85	285	300～330

在先进复合材料中，增强材料主要起承载作用，主要纤维品种有碳纤维、玻璃纤维、芳纶、硼纤维、碳化硅纤维等。常用增强纤维的比较及应用见表 1.3。

表 1.3　常用增强纤维的比较及应用

名称	原材料及分类	制法	特点及应用
碳纤维	粘胶基纤维 聚丙烯腈纤维 沥青纤维	有机物经固相反应转化为三维碳化合物	轴向强度和模量高、密度低、无蠕变、耐高温、耐疲劳性好、热膨胀系数小且具有各向异性，耐腐蚀性和电磁屏蔽性好等。碳纤维增强的复合材料可以应用于飞机制造等军工领域，风力发电叶片等工业领域，电磁屏蔽除静电材料，以及用于火箭外壳、机动船、工业机器人、汽车板簧和驱动轴及体育制品等领域
玻璃纤维	SiO_2	坩埚法 池窑法	较高的断裂应变和拉伸强度，拉伸模量低。价格便宜。主要用于民用产品，少量用于军用产品
硼纤维	钨丝、碳丝、三氧化硼	在基体上氢气还原三氧化硼	高模量、高强度，可与金属、塑料或陶瓷复合，制备高性能的复合材料。在航空、航天、体育及工业制品领域获得广泛应用
硼纤维	乙硼烷硅石	低温化学沉积	高模量、高强度，可与金属、塑料或陶瓷复合，制备高性能的复合材料。在航空、航天、体育及工业制品领域获得广泛应用
芳纶	聚对苯二甲酸对苯二胺 聚对苯甲酰胺纤维 芳纶共聚纤维	缩聚反应	耐高温、高强度和高模量，同时它还拥有耐磨、阻燃、低密度、抗疲劳和柔韧性好等优点。聚对苯甲酰胺纤维复合材料可用作火箭和飞机的结构材料，还应用于汽车部件（例如传动轴、车身底盘、车门、面板和水箱等）
碳化硅纤维	碳化硅	气相沉积法	典型的陶瓷纤维，良好的力学性能和热稳定，作为复合材料增强纤维制成钛基复合材料，应用于制造航天飞机、高性能发动机等高温结构材料
碳化硅纤维	聚碳硅烷	低温交联处理高温裂变	典型的陶瓷纤维，良好的力学性能和热稳定，作为复合材料增强纤维制成钛基复合材料，应用于制造航天飞机、高性能发动机等高温结构材料

复合材料的含义在不断扩展，其表征处于不断完善进步的过程，并且纤维增强复合材料的各向异性决定了实验方法的复杂性，与之相关的试样制作、测试过程、测试仪器以及测试结果的表述方法较传统方法更繁杂。复合材料基本性能测试要求提高其准确度和精度，对复合材料微观结构的研究（如复合机理、界面状态、材料损伤等）几乎应用了所有近代测试分析仪器，如红外光谱、热分析仪、电子显微镜、X 光电子能谱等，尤其广泛采用电子计算机和测试仪器联用，大大提高了测试速度和精确度，并扩大了测试的范围。复合材料及其制品被广泛应用于航天、航空、交通、电子、化工防腐等领域。对复合材料专业的学生来说，准确地对复合材料进行性能测试和分析，是评价和应用各种复合材料的前提条件，对研究复合材料的组成和结构特点有着重要意义。

为了保证性能实验数据的可比性，每一个具体实验都要遵循统一的规定，包括实验方法、操作准备、实验步骤、结果计算等。国家标准是一种法规，复合材料实验的依据就是有关复合材料实验方法的国家标准，在实验中不仅要严格遵循相应的国家标准，而且在实验结果中要注明该实验方法的国家标准号。

1.1.1 复合材料的力学性能表征

复合材料的力学性能包括拉伸、压缩、弯曲、剪切、冲击、硬度、疲劳等，这些性能数据的取得有赖于标准的（或共同的）实验方法的建立，因为实验方法、实验条件，诸如试样的制备、形状、尺寸，实验的温度、湿度、速度，试验机的规格种类等直接影响测试结果的可比性和重复性。

影响复合材料力学性能测试结果的因素，不仅在于实验方法，更重要的还取决于树脂基体、纤维增强材料及其界面的黏结状况，所以在给出其力学性能数据时，要详细说明原材料的数据和成型工艺参数，如树脂基体的结构、组成、配比以及树脂浇注体的基本力学性能数据，包括纤维直径、度、支数、股数、织物厚度、经纬密度，热处理、表面化学处理前后的经纬向强度，成型工艺方法、温湿度、树脂含量、固化条件（温度、压力、时间）、后期热处理、固化度等。

复合材料的弹性模量和强度值的计算一般仍按材料力学公式进行，它是基于对材料理想化的假设而得出的，即材料是完全均质、各向同性的，其应力应变符合胡克定律。复合材料实际上不太符合这些假设，实验过程中也不完全符合弹性胡克定律，在超过其比例极限以后，往往在纤维和树脂的黏结界面处会逐步出现微裂缝，形成一个缓慢的破坏过程，这时要记下其发出声响和试样表面出现白斑时的载荷，并绘制其破坏曲线。

为了真实地反映材料的性能，使实验结果具有通用性和可比性，在国家标准 GB/T 1446—2005《纤维增强塑料性能试验方法总则》中，就其力学和物理性能测定的试样制备、外观检查、数量、测量精度、状态调节以及实验的标准环境条件、设备、结果、报告等内容做了详细规定。其中实验的标准环境条件为：温度（23±2）℃，相对湿度 45%～55%。试样状态调节规定，实验前，试样在实验标准环境中至少放置 24 h，不具备标准条件者试样可在干燥器内至少放置 24 h。试样数量，每项实验不能少于 5 个。

力学性能表征简介如下。

1. 拉伸性能的表征

拉伸实验是最基本的材料力学性能实验，拉伸性能实验包括测定拉伸强度、弹性模量、伸长率、应力-应变曲线、泊松比等。由于复合材料的品种较多，首先要正确选择哪种类型的实验方法，然后根据有关标准确定试样型式及加工方式、测试设备和条件。

拉伸性能的测试在万能材料试验机上进行，实验时采用特定的样品夹具，在恒定的温度、湿度和拉伸速度下，对按一定标准制备的试样进行拉伸，直至试样被拉断。仪器可自动记录被测样品在不同时刻的形变值和对应此形变值样品所受到的拉力值，同时自动画出应力-应变曲线。根据此应力-应变曲线，可确定样品的屈服点及相应的屈服应力值、断裂点及相应的断裂应力值，以及样品的断裂伸长值。

2. 压缩性能、弯曲性能、剪切性能的表征

参照相应国家标准制备试样，在万能试验机上，分别采用压缩实验、弯曲实验和剪切实验的样品夹具，在恒定的温度、湿度及应变速度下进行不同方式的力学实验，并根据各自对应的计算公式，得到样品材料的压缩模量、压缩强度、弯曲模量、弯曲强度、剪切模量、剪切强度等数据。

3. 冲击性能的表征

冲击实验是用来衡量复合材料在经受高速冲击状态下的韧性或对断裂的抵抗能力的实验方法。对于研究各向异性复合材料在经受冲击载荷时的力学行为有一定的实际意义，一般冲击实验分为以下三种：摆锤式冲击实验（包括简支梁型和悬臂梁型）、落球式冲击实验、高速拉伸冲击实验。

简支梁型冲击实验是用摆锤打击简支梁试样的中央；悬臂梁法则是用摆锤打击有缺口的悬臂梁试样的自由端。摆锤式冲击实验中试样破坏所需的能量实际上无法被测定，实验所测得的除了产生裂缝所需的能量及使裂缝扩展到整个试样所需的能量以外，还要加上使材料发生永久变形的能量和把断裂的试样碎片抛出的能量。把断裂试样碎片抛出的能量与材料的韧性完全无关，但它却占据了所测总能量中的一部分。实验证明，对同一跨度的实验，试样越厚，消耗在碎片抛出的能量越大，所以不同尺寸试样的实验结果不宜相互比较。但由于摆锤式冲击实验方法简单方便，所以在材料质量控制、筛选等方面使用较多。

落球式冲击实验是把球、标准的重锤或投掷枪由已知高度落在试棒或试片上，测定使试棒或试片刚刚够破裂所需能量的一种方法。这种方法与摆锤式冲击实验相比，表现出与实地实验有很大的相关性。其缺点是如果想把某种材料与其他材料进行比较，那么需改变重球质量，或者改变落下高度，十分不方便。

评价材料的冲击强度最好的实验方法是高速应力-应变实验。应力-应变曲线下方的面积与使材料破坏所需的能量成正比。如果实验是以相当高的速度进行，这个面积与冲击强度相等。

4. 硬度

硬度是表示抵抗其他较硬物体压入的性能，是材料软硬程度的有条件性的定量反映，通过硬度的测量还可间接了解其他力学性能，如磨耗、拉伸强度等。对于热固性树脂基复合材料，可用硬度估计热固性树脂基体的固化程度，完全固化的比不完全固化的硬度高。硬度测试操作简单迅速、不损坏试样，有的可在施工现场进行，所以硬度可作为质量检验和工艺指标而获得广泛应用。

复合材料硬度的实验方法有些是根据金属硬度测试方法发展而来的,如布氏、洛氏硬度;有些是复合材料独有的测试方法,如巴氏、邵氏硬度等。布氏、洛氏硬度实验方法都是将具有一定直径的钢球,在一定的载荷作用下压入材料表面,用读数显微镜读出试样表面的压痕直径,即可计算材料的硬度值,这种硬度值的影响因素很多,实验值难以真正反映材料性能。巴氏、邵氏硬度实验是用具有一定载荷的标准压印器压入试样表面,以压入表面的深度衡量试样的硬度值。

1.1.2 复合材料的物理性能表征

复合材料较传统单一均质材料具有很多优点,其导热系数低,在超高温的作用下能吸收大量的热量;增强材料与基体树脂的热膨胀系数不同,不同的复合方式,其热性能有明显的差别;复合材料是电性能多样化的材料,有电绝缘体、高介电损耗体、低介电损耗体、微吸收体、微波透过体。总之,复合材料的物理性能决定于原材料选择、材料的性能设计工艺方法和工艺条件。因此,复合材料物理性能的优劣是复合材料研究和应用工作者需关注的问题。这些性能的获得有赖于测试技术的建立和掌握。

复合材料的物理性能测试是以材料的实用性为着眼点,包括线膨胀系数、导热系数、平均比热容、热变形温度、马丁耐热、温度形变曲线(热机械曲线)、电阻系数、电击穿、折射率、透光率等测试。

1.1.3 复合材料的稳定性表征

复合材料在使用过程中,随着时间的推移,材料微观结构发生变化而引起宏观性能逐渐降低或突然变化,最终失去使用价值,这就是材料的稳定性问题,包括耐燃烧性、热稳定性、耐化学腐蚀性、老化、大气稳定性、化学介质稳定性等。

1. 耐燃烧性

随着聚合物基复合材料用途的日益扩大,对其耐燃烧性要求显得更加重要,人们通过改变结构、改性、共混、复合等手段改善和提高复合材料的耐燃烧性。测试复合材料的耐燃烧性的方法有间接火焰法、直接火焰法、氧指数法等。塑料阻燃等级标准主要有三个:GB/T 2408—2008《塑料 燃烧性能的测定 水平法和垂直法》;

GB/T 2406.2—2009《塑料 用氧指数法测定燃烧行为 第 2 部分：室温试验》； 美标 UL94 阻燃等级。其他还有 GB/T 8924—2005《纤维增强塑料燃烧性能试验方法 氧指数法》、GB/T 5169.16—2017《电工电子产品着火危险试验 第 16 部分：50 W 水平与垂直火焰试验方法》、ASTM D2863 等。这些方法可用于产品质量控制和评价，但不适用于实际使用时评定潜在着火危险性。

间接火焰法一般适用于硬质塑料、纤维增强塑料的实验。引燃源采用由电加热的灼烧硅碳棒。

直接火焰法一般适用于软质塑料(泡沫塑料、塑料薄片、薄膜)，这类方法又可根据试样放置位置不同分为水平法、垂直法和 45°法等。引燃源均采用明火，因此点燃温度要比间接火焰法低一些。

氧指数法用于测定塑料、增强塑料材料试样在氧气和氮气比例受控的气氛环境中能被点燃的最低氧气比例浓度。

2. 热稳定性

热稳定性是聚合物基复合材料的重要性能。复合材料的热稳定性主要取决于聚合物基体的热稳定性。当基体受热分解破坏后，其复合材料也失去物理机械性能。一般采用热分解温度来衡量其热稳定性，测定高分子材料和聚合物基复合材料的热分解温度可用热重分析法（TG）、差热分析法（DTA）和差示扫描量热法（DSC）、热机械分析法（TMA）等。

（1）热重分析法。

热重分析法（TG）是在程序控温下，测量物质的质量与温度的关系，通常可分为非等温热重法和等温热重法，它具有操作简便、准确度高、灵敏快速以及试样微量化等优点。用来进行热重分析的仪器一般称为热天平，其测量原理是：在给被测物加温的过程中，由于物质的物理或化学特性改变，引起质量的变化，通过记录质量变化时程所绘出的曲线，分析引起物质特性改变的温度点，以及被测物在物理特性改变过程中吸收或者放出的能量，从而来研究物质的热特性。

热重分析主要研究：①材料在惰性气体/空气/氧气中的热稳定性、热分解作用和氧化降解等化学变化；②涉及质量变化的所有物理过程，如测定水分、挥发物和残渣，吸附、吸收和解吸，汽化速度和汽化热，升华速度和升华热；③有填料的聚合物或共混物的组成等。热重分析只能得出填料的含量，不能分析出填料的种类，将热重分析残渣进行红外分析，便可判断出填料的种类。

（2）差热分析法。

差热分析法（DTA）是应用得最广泛的一种热分析技术，它是在程序控制温度下，建立被测量物质和参比物的温度差与温度关系的技术。差热分析法的测量原理是：将被测样品与参考样品同时放在相同的环境中升温，其中参考样品往往选择热稳定性很好的物质；同时给两种样品升温，由于被测样品受热发生特性改变，产生吸、放热反应，引起自身温度变化，因此被测样品和参考样品的温度发生差异。用计算机软件描图的方法记录升温过程和升温过程中温度差的变化曲线，最后获取温度差出现时刻对应的温度值（引起样品产生温度差的温度点），以及整个温度变化完成后的曲线面积，得到在该次温度控制过程中被测样品的物理特性变化过程及能量变化过程。

差热分析法可以用于材料的玻璃化转变温度、熔融及结晶效应、降解等方面的研究，还可以在高温高压下测量高分子材料的性能，因此得到了广泛的应用。但是DTA 也具有一定的局限性，它无法提供试样吸热、放热过程中热量的具体数值，所以 DTA 无法进行定量热分析和动力学研究。

（3）差示扫描量热法。

差示扫描量热法（DSC）是按照程序改变温度，使试样与标样之间的温度差为零，测量两者单位时间的热能输入差的方法。运用 DSC 技术可以测量玻璃化温度、融解、晶化、固化反应、比热容量和热历史等。DSC 试样的用量非常小，有数毫克就够了。另外，有一种最新的高分子测量方法称为动态 DSC（温度调制 DSC），引起了人们的关注。DSC 热差曲线在外观上与 DTA 几乎完全相同，只是曲线上离开基线的位移代表吸热或放热的速度，而峰或谷的面积代表转变时所产生的热量变化。DSC 中的任何试样在任何时候均处于温度程序控制之下，因此，在 DSC 中进行的转变或反应，其温度条件是严格的，进行定量的动力学处理时在理论上没有缺陷。

玻璃化转变是高聚物的一种普遍现象。在高聚物发生玻璃化转变时，许多物理性能发生了急剧变化，如比热容、弹性模量、热膨胀系数、介电常数等。DSC 测定玻璃化温度 T_g 就是基于高聚物在 T_g 转变时比热容增加这一性质进行的。在温度通过璃化转变区间时，高聚物随温度的变化比热容有突变，在 DSC 曲线上表现为基线向热方向的突变，由此确定 T_g。

（4）热机械分析法。

热机械分析法（TMA）是测量物质的形变量（尺寸变化）的方法。测量时按一定时序改变试样的形态，如加载压缩、拉伸、弯曲等非振动性的负荷，以测量物质的形变量。加一个周期变化的应变量或应力，测量由此引起的应力或应变，以测量试样的力学性能，这就是动态机械热分析法（DMA）。

TMA 对研究和测量材料的应用范围、加工条件、力学性能等都具有十分重要的意义，可用它研究树脂基体的玻璃化转变温度、流动温度、软化点、弹性模量、应力松弛、线膨胀系数等。

DMA 把树脂基体的力学行为与温度和作用的频率联系起来，可提供树脂基体的模量、黏度、阻尼特性、固化速率与固化程度、主级转变与次级转变、凝胶化与玻璃化等信息。这些信息又可用来研究高分子材料的加工特性、共混高聚物的相容性；预估材料在使用中的承载能力、减振效果、吸声效果、冲击特性、耐热性、耐寒性等。

3. 耐化学腐蚀性

复合材料的耐化学腐蚀性是指其在酸、碱、盐以及有机溶剂等化学介质中的长期工作性能。由于玻璃钢具有成型方便、耐腐蚀性能好的特点而被广泛应用于石油、化工、纺织、冶金、机械等工业部门。玻璃钢的耐腐蚀性能与树脂的含量、品种规格、结构类型有密切关系，与玻璃纤维布的性质、成型工艺条件、固化度、表面微裂纹、实验介质、实验温度、试样内应力、浸泡时间以及试样尺寸规格有关。因此统一确定耐化学腐蚀实验方法是十分必要的。我国制定的国家标准是通过定期静态浸泡实验测定玻璃钢的耐腐蚀性，但对于耐腐蚀级别的评定标准至今尚无统一规定。

实验方法要点参阅 GB/T 3857—2017《玻璃纤维增强热固性塑料耐化学介质性能试验方法》，通过定期静态浸泡实验，测定试样外观、实验介质外观、巴氏硬度、弯曲强度来评定玻璃钢的耐腐蚀性。需要时还可增测质量、弯曲弹性模量变化等项目。

4. 老化

复合材料老化性能是指其在加工、使用、储存过程中受到光、热、氧、潮湿、水分、机械应力和生物等因素作用，引起微观结构的破坏，失去原有的物理机械性能，最终丧失使用价值。

按规范要求，使复合材料经受上述单一或综合环境诸因素的作用，定期检测这些因素对材料宏观性能和微观结构的影响，研究材料的老化特征，评价材料的耐老化能力，从而延长材料使用期和储存期，这是研究复合材料老化的重要任务和目的之一。

老化实验方法分两大类：一类是自然老化实验方法，包括大气暴露、加速大气暴露、仓库储存；另一类是人工老化实验方法，包括人工气候老化、热老化、湿热老化、霉菌老化、盐雾老化等。

大气暴露实验比较接近材料的实际使用环境，特别对于材料的耐气候性，能得到较可靠的数据，因而受到重视并被普遍采用。世界各国都建立了大规模的暴露实验网和实验场，开展了大量实验工作，并制定了相应的国家标准。我国于 20 世纪 50 年代至 60 年代也开展了大气老化实验的研究工作，并相应地建立了国家标准。

大气老化实验得到的数据是其他各种人工老化实验数据的对比基础。大气老化实验数据可靠真实、实验设备较简单、实验操作较容易、试样数量较多、场地要求很大、实验周期长，随着材料的发展，老化实验周期会更长，因此需要促进人工加速气候老化的加速发展。

复合材料的性能除了以上表征外，还涉及原材料的性能表征，本书以有关的国家标准和专业标准为基础，形成了复合材料专业实验课的教材体系。通过实验基础知识的学习和实际操作训练，使学生了解各个实验项目的原理、计算公式和影响测试结果的主要因素；加深对复合材料特点的认识；能够运用数理统计知识处理实验数据，表达实验结果。以此培养学生理论联系实际、分析问题和解决问题的能力，以及在实验研究中严谨的态度与求实的作风。

1.2 实验数据及处理

复合材料实验过程中需要对试样进行测量，并对测得值进行计算和分析，如何确定测量的精确度、误差、测得值的有效位数，直接关系到实验数据的可靠性。

1.2.1 实验误差分析

1. 测量误差

在任何一次测量中，将会从以下四方面引入误差。

（1）作为标准度量的器具，如刻线尺、天平砝码、温度计等不可能绝对准确。

（2）测量装置在原理、安装、制造等方面不可能完全一致，如刻线宽度、天平刀口等并非理想状态。

（3）瞄准和读数习惯、分辨视力等因人而异。

（4）材料组分的非均一性、试样内部细微的差别以及实验条件的偶然波动等。

因此测量值并不是客观存在的真实值。测量值与客观真值的偏差称为误差。实验中，误差是不可避免的。

按误差产生的原因，测量误差可分为系统误差、过失误差和随机误差三类。系统误差是人机系统产生的误差，如仪器标尺不准、天平不等臂以及个人取得实验数据的不同习惯等；过失误差是人为误差，如实验时粗心大意、精力不集中造成实验条件失控或读错、记错数据等引起的误差；随机误差是影响因素不定、方向不定，人们无法控制和消除的、带有随机性质的误差。

工程上在描述测量误差时采用精密度、准确度和精确度的概念。精密度表示测量结果的重演程度，精密度高表示随机误差小，但精密度高并不反映测量的准确度高；准确度表示测量值与真值符合的程度或可靠程度，准确度高表示系统误差小；精确度包含精密度和准确度两者的含义，测量精确度高表示测量结果精密又可靠。与这些概念相关的表示测量误差的方法有极差、相对误差和绝对误差三种。

（1）极差 G。

$$G = x_{max} - x_{min} \tag{1.1}$$

式中　　G——测量值分布区间范围，反映测量的精密度；

　　　x_{max}——同一物理量的最大测量值；

　　　x_{min}——同一物理量的最小测量值。

（2）绝对误差Δx_i。

$$\Delta x_i = x_i - x_0 \tag{1.2}$$

式中　　x_i——第 i 次测量值；

　　　x_0——真值。

绝对误差反映测量的准确度，同时含有精密度的意思。

（3）相对误差。

相对误差是指绝对误差与真值之比。它既反映测量的准确度，又反映测量的精密度。虽然 x_0 是未知的，但绝对误差和相对误差是误差理论的基础。实际使用中常用算术平均值 $\bar{x}$ 代表 x_0，使它们成为可表示的量。

理论上，对已定系统误差可用修正值来消除。测量结果中系统误差大小的程度可用测量的正确度表示。用测量的精密度，即在一定条件下进行多次测量时，所得测量结果彼此之间的符合程度来表示测量结果中的随机误差大小的程度；也用正态分布描述随机误差及其概率的分布情况。

2. 近似数

正如以上所述，测量值以及对其进行计算的所得值均为近似值（又称为近似数）。因此在进行实验数据处理时，存在合理取舍所得数字位数的问题。对那些小于测量误差的数字，数位取得再多也没有意义，而且计算复杂麻烦。但为了计算方便，而将近似数的数位取得过少，甚至少于测量精确度，也不合理。

（1）近似数截取。

通常用"四舍五入"法截取近似数。这种方法截取近似数所引入的误差，就其绝对值来讲，不会超过截取到第 n 个数位上的半个单位。例如 5.354 6，截取成 5.355，截取到第 4 位，其误差的绝对值为

$$|5.355 - 5.354\,6| = 0.000\,4 < \frac{1}{2} \times 0.000\,1 = 0.000\,5$$

（2）有效数字确定。

有效数字是指当截得近似数的绝对误差是末位上的半个单位时，这个近似数从第 1 个不为零的数字起到这个数位止的所有数字。一个近似数有几个有效数字，就称为这个近似数有几个有效位数。例如 5.355 为 4 位有效数，5.354 6 为 5 位有效数。

在处理实验数据时，要求确定有效数字后的绝对误差一定要与测量精度相一致。

3. 近似数的运算

近似数经过加、减、乘、除、乘方和开方运算后，其有效数字应按以下规则确定。

（1）在近似数相加（加数不超过 10 个）或相减时，小数位数较多的近似数，只要求比小数位数最少的那个数多保留一位，其余按"四舍五入"法均将它们舍去，然后进行运算。在计算的结果中，应保留的小数位数和原来近似数的小数位数最少的那个数的位数相同。

（2）当两个近似数相乘或相除时，有效数字较多的近似数，只要比有效数字少的那个多保留一位，其余的均舍去。在计算的结果中，从第 1 个不是零的数字起，应保留的数字位数和原来近似数里有效数字最少的那个相同。

（3）对近似数进行乘方或开方时，计算的结果从第 1 个不是零的数字起，应保留数字位数和原来近似数的有效数字的位数相同。

（4）在多步运算时，中间步骤计算的结果，所保留的数字位数要比上面的规定多取一位。

（5）对于一些无穷小数（无理数）参与的运算，则应根据需要而取。

对于在求算术平均值时，如果是 4 个以上的数进行平均，则平均值的有效位数可多取一位，因为平均值的误差要比其他任何一个数的误差小。

在记录测量结果误差和评定这个测量结果的精确度时，它们的末位应取得一致，如 3.64 ± 0.125 应写成 3.64 ± 0.12。

1.2.2 数据分析

在复合材料工程实验中，常用的数据分析表示法有以下几种。

1. 算术平均值与均方根偏差

算术平均值为一个量的 n 个测得值的代数和除以 n 而得的商。算术平均值 $\bar{x}$ 为

$$\bar{x} = \frac{1}{n} \sum_{i=1}^{n} x_i \tag{1.3}$$

$$\bar{x} = \frac{1}{n}(x_1 + x_2 + \cdots + x_i) \tag{1.4}$$

式中 x_i——测量中第 i 次的测量值；

$\sum$——对所有 x_i (i=1, 2, $\cdots$, n)求和。

当 n 相当大时，算术平均值 $\bar{x}$ 是接近真值的最佳值，所以在数据处理中以算术平均值表示测量结果是合理的。

均方根偏差，也称标准偏差，是表征同一被测量值的 n 次测量结果的分散性的参数，并按式（1.5）计算。

σ 定义为标准差，表示为

$$\sigma = \sqrt{\frac{\sum (x_i - x_0)^2}{n}} = \sqrt{\frac{\sum \delta_i^2}{n}} \tag{1.5}$$

式中 n——测量次数（充分大）；

x_0——分布的数学期望或者被测量真值；

δ_i——测量结果 x_i 的随机误差。

实际上 n 往往是有限值，用残余值 $x_i - \bar{x}$ 代替 $x_i - x_0$，并按式（1.6）计算标准差的估计值：

$$\sigma = \sqrt{\frac{\sum (x_i - \bar{x})^2}{n-1}} \tag{1.6}$$

2. 正态分布

正态分布又称高斯分布，是测量误差理论中常见的一种误差分布方式，用以描

述随机误差及其概率的分布情况，其概率分布曲线用下列函数来表示：

$$y = f(\delta) = \frac{1}{\sigma\sqrt{2\pi}} e^{\frac{-(x-x_0)^2}{2\sigma^2}} \qquad (1.7)$$

式中　y——误差 δ 出现的概率密度；

　　　σ——标准差；

　　　δ——随机误差，$\delta = x - x_0$，它具有 $\int_{-\infty}^{\infty} y\,\mathrm{d}\delta = 1$ 的性质。

1.3　实验结果的表示方法

当实验数据经过前述的误差分析和数据处理后，如何科学地将实验结果表述清楚就显得很重要。实验结果不是罗列的实验原始数据。对实验结果的要求是表述要清晰、简洁，推理合理，结论正确。实验结果可采用列表、图解、函数等形式表达，三种表示方法的要点简述如下。

1. 列表法

列表法是用表格形式表达实验结果的方法。具体来说，是将已知数据、直接测量数据和通过公式计算得到的数据依一定的形式和次序一一对应列入表格中。该表示方法的优点是：

（1）数据一目了然，便于阅读理解和校核。

（2）形式承上启下，查寻方便。

（3）数据集中，使不同条件下的实验结果易于比较。

采用列表法应注意的事项是：

（1）表格要精心设计，排列得当，重点突出，易于分析对比。

（2）使用物理量单位和符号要标准化、通用化。

（3）同一项目的数据有效数字尽量一致，数据上下位数对齐，便于查对。

（4）表格中不应留有空格，失误或漏做的内容以"/"记号标记。

2. 图解法

图解法是用图的形式表达实验结果的方法。它的优点是对坐标轴表示的两物理量之间的关系、变化规律、最大值或最小值、拐点、周期等现象有直观的认识。它是为广大科技工作者所乐于使用的方法之一。

作图时须注意：坐标轴的尺度和单位应合理选择，要与实验数据的有效数字相对应；测量数据在坐标图中位置要适当，不应使数据群落点偏上或偏下；如果某一物理量起始与终止数据变化范围大，可考虑选用对数轴；纵横坐标轴的数据及分格应相匹配，不致使图细长或扁平；描绘曲线时要求有足够多的实验点，点数太少不能说明参数的变化趋势和对应关系；一条直线最少应有四点，一条曲线通常应有六点以上才能绘成；描绘曲线时要使线条粗细一致，平滑过渡，尽量接近或通过各点；在曲线拐弯处测量点应尽量多一些，使曲线弯曲自然、合理。如果同一坐标图中画有多条实验曲线，则各曲线中点位置采用不同的记录形式（圆点、方点、叉或三角点等），且在图中或图下注明各记录符号所代表的意义。

有时，为了使实验结果的变化趋势看起来更加细微，往往要对所连的实验线段进行光滑处理，最后得到光滑的实验曲线。这些处理方法有回归法、滑动平均法和拟合法等。目前随着计算机应用的广泛普及，出现了一些有用的计算软件专门用于处理实验数据，即绘制实验曲线软件，例如 Origin 绘图软件，使用起来很方便。

3. 函数法

通过对实验结果的分析并将实验参数的函数关系明确表示出来，对于进一步研究参数之间的变化规律是很有意义的。由实验结果而得出的参数方程称为经验公式。实验数据经过分析、综合得出函数关系的过程称为回归。由于经验公式为求解参数之间的函数关系带来很多的方便，所以被普遍地使用。与罗列数据相比，用函数形式表示实验结果不仅可给微分、积分、内插、外推等数学运算带来极大方便，而且便于科技交流时讨论。计算机用以对经验公式进行迅速的校对和修正，也将会促进用函数形式表达实验结果。

1.4　影响实验结果的因素

在实验课训练中要提高认识，严格认真按照国家实验标准进行实验，为将来在工作、研究和生产实践中坚持实验标准化奠定必要的基础。科学的实验训练除了强调实验方法的国家标准化外，还应正确认识和处理影响实验结果的各种因素，系统误差和过失误差是可以尽量避免或减少的，问题在于实验者技能熟练程度和对实验的态度。实验方法越周密、态度越认真，其实验结果中产生系统误差和过失误差的概率就越小。因此，在实验中应注意培养严谨的作风，认真负责，细心操作。测试数据的处理要科学合理，对于某些偏低或偏高数据取舍不能随便，除确属粗心过失造成的以外，一般都需仔细观察和分析。尊重客观事实是所有实验的第一准则。反常数据和反常现象有两种可能：一是测试系统（含实验者和试样）出了问题；二是事物本来面目的反映，内中有过去未被人注意和研究的新现象或新规律。如果属于后者而随便就舍弃了，就会与一个新问题失之交臂。

总之影响复合材料实验结果的因素很多，除以上因素以外，可概括为原材料、制样和测试条件三个方面因素。

1. 原材料因素

树脂基复合材料常常由树脂、添加剂、增强材料组成。基体材料和增强材料的基本性能随树脂和添加剂品种牌号及其用量而异。树脂品种牌号代表了一定的树脂合成工艺路线、分子量大小及分布、支化度、大分子链结构、共聚、添加剂品种和用量等信息，因此不同牌号的树脂和纤维，其性能可能有较大差异。而添加剂的品级、生产工艺、包装储存等情况对添加剂在高分子材料中的功效有显著影响，故在实验结果中，很有必要注明所用原材料牌号、品级、生产厂家、组成配比等原料信息。

2. 制样因素

制备实验试样的方法、条件和设备均会通过试样的受热历史、受力历史、分散状态差异，影响实验试样的加工性、微观结构及宏观性能。因此，复合材料实验需根据一定的测试标准所规定的方法和条件，制备标准测试试样，并注明制备试样所用的方法、条件、设备型号、器具等。

又例如拉伸强度试样，可从板材、片、棒或制品上直接裁取，也可直接用注射、浇注等成型方法成型。用前一种方法得到试样的测试结果不仅与成型机器及成型温度、成型压力、冷却速度等工艺有关，而且还与裁取试样所用器具、裁取速度、试样整修等有关。而用后一种方法获取试样，影响测试结果的因素相对简单，试样的几何尺寸也会明显影响实验结果。试样几何尺寸的影响又称尺寸效应，它是由试样内在微观缺陷和微观不同性而引起。微观缺陷是指试样在制备或加工过程中，受到热、力或其他因素作用而产生的显微隙缝（试样表面最容易损伤）。微观不同性指结构上存在的缺陷或不均匀性。微观缺陷在试样受力过程中会增长、延伸，直接影响强度和塑性变形。微观不同性会导致材料性能测定存在差异，如热性能、光学性能、声学性能、电性能等。故在实验报告中，尤其是测定所列举的性能项目，需注明试样尺寸或制样标准。

3. 测试条件因素

测试环境条件包括测试温度、湿度，试样的状态和变形速率以及测试设备状况等，测试温度和湿度对测试结果的影响程度取决于所测性能项目和试样材料。一般而言，对于树脂基复合材料，热塑性树脂比热固性树脂更敏感，耐热性低的比耐热性高的更敏感。由此在试样制备之后且在测试之前，均应进行状态调节。目前国内外各类标准对标准状态调节的条件规定都相同：在温度 23 ℃，相对湿度 50%，气压 86~106 kPa 条件下，放置 24 h。

对于某些比较特殊的材料（如聚酰胺和玻纤增强的热塑性塑料），其力学性能受吸湿影响需进行特殊状态调节。由于高分子材料属于黏弹性材料，具有明显的形变滞后、应力松弛、蠕变、绝缘等现象，因此试样的变形速率对测定材料对外界响应性能结果有极大的影响。各性能测试标准均已按材料类别、性能类别一一做了规定，实验操作时必须按规定条件进行，以保证实验结果数据的重复性和可比性。

1.5　实验要求

1. 实验预习

实验前学生应做到认真、仔细阅读实验教材，明确所做实验的目的和要求，了解与实验有关的复合材料理论和实验基本原理，了解实验用仪器的性能和操作规程；基本弄清实验步骤与操作，知道实验所测取的是什么数据及数据应如何处理。在此基础上写出预习报告。

预习报告应包括实验目的、简明的实验原理、仪器和药品、操作要点、注意事项以及记录数据的表格。实验开始前，指导教师应检查学生是否写出预习报告，无预习报告者不准进行实验。

2. 实验操作

在学生动手进行实验之前，指导教师应先对学生进行考查，对考查不合格者，教师要酌情处理，直至取消其参加本次实验的资格；然后让学生检查实验装置和试剂是否符合实验要求。实验准备完成后，方可进行实验。实验过程中，要求操作要正确，观察现象要仔细，测取数据要认真，记录要准确、完整，还要开动脑筋，善于发现和解决实验中出现的问题。实验结束后，须将原始记录交指导教师检查并签名。

3. 实验报告

写出合乎规范的实验报告，对培养学生的综合素质具有十分重要的意义。实验报告的内容包括实验目的、简明原理（包括必要的计算公式）、仪器和药品、扼要的实验操作与步骤、数据记录与处理、实验结果讨论等。其中实验结果讨论是实验报告的重要部分，主要指实验结果的可靠程度、结果分析、实验现象的分析和解释、误差来源、实验时的心得体会、做好实验的关键等，也可以对实验提出进一步改进的意见。实验报告必须在规定时间内独立完成。

4. 实验报告评分标准

一份优秀的实验报告具有整洁、格式规范、内容完整、数据可靠、误差较小、讨论合理的特点。

复合材料专业实验过程中指导教师应鼓励学生提出新方案和新想法，从而对本实验进行合理的改进。通过和老师进行口头交流或作为个人感悟附在实验报告之后，将得到加分的回报。报告内容不全、杂乱潦草、数据混乱、误差较大且未进行认真分析讨论，通常认为是份不成功的实验报告。篡改实验数据，抄袭、剽窃他人数据和结果（包括同组人），实验成绩只能得 0 分。

1.6　实验室安全知识

实验过程中安全非常重要，为了防止危险（诸如爆炸、着火、中毒、割伤、触电等）的发生，每个实验者应该具备防止这些安全事故以及万一发生又懂得如何急救的知识，安全教育在复合材料实验工作中是不可缺少的重要部分。

1. 安全用电常识

复合材料实验过程中使用电器较多，要特别注意用电安全，违章用电可能会导致人身伤亡、火灾、损坏仪器设备等严重事故。人体安全用电电压为 24 V，为了防止触电，不能用潮湿的手接触电器，实验时应先连接好电路后再接通电源，实验结束时，先切断电源再拆线路，修理或安装电器时，应先切断电源。不能用试电笔去试高压电。使用高压电源应有专门的防护措施，如有人触电，应迅速切断电源，然后进行抢救。

室内若有氢气、天然气等易燃易爆气体，应避免产生电火花。继电器工作和开关电闸时，易产生电火花，要特别小心。电器接触点（如电插头）接触不良时，应及时修理或更换。如遇电线起火，应立即切断电源，用沙或二氧化碳、四氯化碳灭火器灭火，禁止用水或泡沫灭火器等导电液体灭火。

2. 使用化学药品的安全防护

（1）防毒。

实验前，应了解所用药品的毒性及防护措施，操作时有有毒气体（如 H_2S、Cl_2、浓 HCl 和 HF 等）产生时应在通风橱内进行。苯、四氯化碳、乙醚、硝基苯等的蒸气会引起中毒。它们虽有特殊气味，但久嗅会使人嗅觉减弱，所以应在通风良好的情况下使用。

有些药品（如苯、有机溶剂、汞等）能透过皮肤进入人体，应避免与皮肤接触。氰化物、高汞盐、可溶性钡盐（$BaCl_2$）、重金属盐（如镉盐、铅盐）、三氧化二砷等剧毒药品，应妥善保管，使用时要特别小心。

禁止在实验室内喝水、吃东西。饮食用具不要带进实验室，以防毒物污染。离开实验室及饭前要洗净双手。

（2）防爆。

可燃气体与空气混合，当两者比例达到爆炸极限时，受到热源（如电火花）的诱发，就引起爆炸。使用可燃性气体时，要防止气体逸出，室内通风要良好。许多有机溶剂（如乙醚、丙酮、乙醇、苯等）容易燃烧，使用时严禁同时使用明火，还要防止产生电火花及其他撞击火花。用后要及时回收处理，不可以倒入下水道。

有刺激性或有毒气体的实验，应在通风橱内进行。嗅闻气体时，应用手轻拂气体，把少量气体煽向自己再闻，不能将鼻孔直接对瓶口。含有易挥发和易燃物质的实验，必须远离火源，最好在通风橱内进行。易燃、易爆化学物质应远离明火及高温场地存放。

复合材料实验室中的化学药品中具有毒性的应注意正确使用，尤其不要将过氧化物与促进剂简单混合，平时应适当间隔放置。禁止随意混合各种试剂药品，以免发生意外事故。

3. 其他注意事项

实验室是培养学生理论联系实际、分析和解决问题能力，养成科学作风的重要场所，爱护实验室是科学道德的一部分。

（1）实验过程中必须穿专用的工作服，防止将短纤维弄入眼内，或化学药品和原材料对人体造成不必要的伤害。进出实验室要换外衣，以免将短纤维带入家中造成家人瘙痒。

（2）学生进入实验室后要认真填写仪器使用登记表，自觉遵守实验室的各种规章制度，严禁在实验室内抽烟、饮食、打闹。

（3）实验前，要按实验要求核对仪器和药品。如有破损或不足时，应向指导教师报告，及时更换和补充。未经指导教师考查，不得擅自操作仪器和设备，以免损坏仪器和设备。实验中要注意人身安全，一旦出现异常情况要及时向指导教师报告。对连接电路的实验，在学生连接电路后，要经过教师检查，认为合格后才能接通电源。为避免造成仪器的损坏，必须严格按操作规程使用仪器，不得随意改变操作方法。

（4）实验时，应按实验需用量使用药品等，不得随意浪费。实验时，除实验装置及必需用具与书籍外，其余物品一律不许放置在实验桌上。认真、小心操作机械设备，防止机械碰伤和机件及模具损伤。

（5）实验自始至终要保持环境清洁、整齐。实验结束后，应将仪器清洗干净、放回原处，实验台面整理干净，洗净双手，关闭水、电、气等阀门，教师检查合格后再离开实验室。不准将实验物品私自带出室外。

第 2 章　复合材料专业基础实验

2.1　不饱和聚酯树脂的合成及酸值测定

2.1.1　不饱和聚酯树脂的合成

1. 实验目的

（1）学习不饱和聚酯树脂的合成原理及配方设计。

（2）掌握不饱和聚酯树脂的合成工艺和参数。

2. 实验原理

不饱和聚酯树脂是指不饱和聚酯在乙烯基交联单体（例如苯乙烯）中的溶液。不饱和聚酯树脂的合成过程包括线性不饱和聚酯的合成和用苯乙烯等稀释不饱和聚酯两部分。

不饱和聚酯合成原理：由不饱和二元羧酸或酸酐（例如：反丁烯二酸、顺丁烯二酸酐等）、饱和二元羧酸或酸酐（例如：间苯二甲酸、邻苯二甲酸酐等）与二元醇（例如：乙二醇、1,2-丙二醇等）经缩聚反应合成分子量不高、具有聚酯键和不饱和双键的线性不饱和高分子化合物。它的合成过程遵循线性缩聚反应的历程，特点是逐步平衡。反应方程式如图 2.1 所示，包含酸酐与二元醇缩聚（酸酐开环加成）、羟基酸分子间缩聚、羟基酸与二元醇缩聚三个部分。

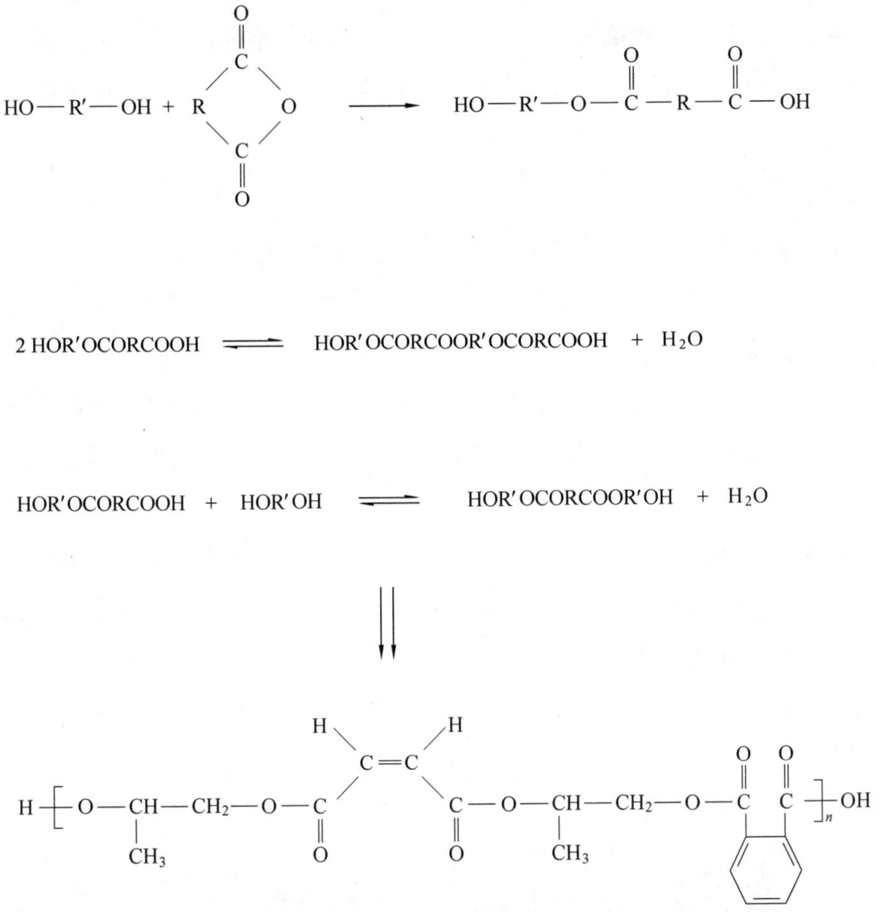

$$2\,HOR'OCORCOOH \rightleftharpoons HOR'OCORCOOR'OCORCOOH + H_2O$$

$$HOR'OCORCOOH + HOR'OH \rightleftharpoons HOR'OCORCOOR'OH + H_2O$$

图 2.1　反应方程式

3. 实验仪器设备及耗材

（1）实验仪器设备。

磁力控温电热套（带升降台）、三口磨口圆底烧瓶（100 mL）、磁力搅拌子、温度计（150 ℃、300 ℃各一只）、刺型分馏柱（带蒸馏头）、直型冷凝管、尾接管、圆底瓶、玻璃瓶塞、铁架台、小烧杯、胶头滴管、惰性气体导入管、真空泵、恒温水浴设备。

（2）实验耗材。

以合成 191# 不饱和聚酯树脂为例，所用原料均为化学纯：顺酐（顺丁烯二酸酐 98.06 g/mol）、苯酐（邻苯二甲酸酐 148.11 g/mol）、1，2-丙二醇（76.09 g/mol）、苯乙烯（104 g/mol）、石蜡、阻聚剂（对苯二酚）。

4. 实验步骤

（1）搭建反应装置（先下后上，先左后右），检查气密性。

①将三口磨口圆底烧瓶固定在铁架台上，底部置于磁力控温电热套内，根据控温电热套的高度调节烧瓶的位置。

②在烧瓶中放入磁力搅拌子，分别在烧瓶的三个瓶口上装竖式回流冷凝分离器（带蒸馏头的刺型分馏柱）、温度计（300 ℃，测反应温度）、惰性气体导入管（或玻璃瓶塞）。

③将温度计（150 ℃，测蒸汽温度）插入竖式回流冷凝分离器的上出口（水银球上端的位置恰好与分离器支管的下沿处在同一水平线上，便于测量蒸汽温度），在侧出口处连接上直型冷凝管。

④在直型冷凝管上通过尾接管接上圆底瓶（接收器）和真空泵（在反应后期用真空强制脱水）。

⑤检查装置的气密性。如果漏气可用密封脂来密封。（以上所有带磨口的地方需涂抹凡士林，以保证装置有良好的气密性。）

（2）按比例从装有玻璃瓶塞的瓶口处投放物料，顺序分别为顺酐 1.00 mol、苯酐 1.00 mol 和 1，2-丙二醇 2.15 mol。（向三口烧瓶内通入惰性气体（氮气或二氧化碳）排除反应系统中的氧气。）烧瓶内的投料系数不超过 80%，否则产生泛泡现象。

例如：丙二醇 327.2 g（4.3 mol）、邻苯二甲酸酐 296.2 g（2.00 mol）、顺丁烯二酸酐 196.1 g（2.00 mol），或 1，2-丙二醇 523.5 g（6.88 mol）、邻苯二甲酸酐 473.9 g（3.2 mol）、顺丁烯二酸酐 313.8 g（3.2 mol）。本实验采用 1，2-丙二醇 16.4 g（0.215 mol）、邻苯二甲酸酐 14.8 g（0.1 mol）、顺丁烯二酸酐 9.8 g（0.1 mol），准确称量后依次加入到烧瓶中。

（3）开始加热，待固体（二元酸酐）熔化后，转动搅拌器旋钮启动搅拌，之后搅拌一直进行到终点。（控制惰性气体流量，气泡 1～2 个/s。）

（4）反应温度升到 175 ℃左右时，烧瓶中开始缩聚反应，放出大量热量，蒸汽温度迅速上升，开始回流，这时应该停止加热，使反应温度降为 160 ℃左右，之后继续加热。

（5）温度控制在 150～170 ℃持续反应 1 h，控制蒸汽出口温度＜105 ℃；最终酯化温度为 190～210 ℃。（反应过程中，从回流开始，每 30 min 记录一次反应温度与蒸汽温度。）

（6）回流进行 15 min 后，称量三口磨口圆底烧瓶，用胶头滴管取样，测定酸值来控制反应终点。以后每 30 min 测定一次，并记录。（酸值测定方法见 2.1.2 不饱和聚酯树脂酸值的测定实验。）

（7）酸值降至 200 mgKOH/ g 左右时，改变冷凝器（即移出刺型分馏柱），使水分可以蒸馏出去。缩水量已达到理论脱水量的 2/3～3/4 或 3/4 以上时，出水很慢，支管温度下降到 60 ℃左右，可以借助真空泵抽真空的方法，迫使水分蒸出。提高反应温度至 175 ℃，蒸汽温度不超过 105 ℃，以防止二元醇挥发损失，反应物温度维持 175 ℃，使酸值降为 135 mgKOH/ g。

（8）增大惰性气体流量，气泡 4～6 个/s。同时升高反应温度至 190 ℃，维持反应，至酸值达（40～50）±2 mgKOH/ g，停止抽真空。

（9）加入阻聚剂对苯二酚 0.02 g（用量为树脂质量的 0.02%，或者加入阻聚剂氰酸、叔丁基邻苯二酚，以增加储存稳定性）和少许石蜡（树脂质量的 0.025%，防止树脂固化后表面发黏），搅拌 30 min。

（10）使树脂冷却，降温到 90 ℃时，加入苯乙烯 20 g（质量分数为 20%～50%）稀释，搅拌均匀，并使产物尽快冷却至室温，过滤。

5. 实验报告

实验报告应包括下列内容。

（1）实验名称、要求和实验原理。

（2）实验仪器、原材料名称、型号、生产厂商。

（3）实验操作步骤。

（4）实验条件（标准）和实验结果记录。

（5）解答思考题。

6. 思考题

（1）合成树脂过程中应该注意哪些问题？

（2）如何有效控制不饱和聚酯树脂的合成温度和时间？

（3）加入对苯二酚和液状石蜡有什么作用？

2.1.2 不饱和聚酯树脂酸值的测定

1. 实验目的

（1）学习测定不饱和聚酯树脂的酸值的方法。

（2）体会酸值在不饱和聚酯树脂合成过程中的作用。

2. 实验原理

不饱和聚酯树脂酸值定义为中和 1 g 不饱和聚酯树脂试样所需要 KOH 的毫克数。它是不饱和聚酯树脂的一个重要参数，表征树脂中游离羧基的含量或合成不饱和聚酯树脂时聚合反应进行的程度，在制备复合材料时有重要的工艺意义。

把一定量的树脂溶于混合溶剂中，以百里香酚蓝为指示剂（或酚酞指示剂），用氢氧化钾无水乙醇标准溶液滴定直至显示蓝色，根据滴定液的消耗量求得酸值。根据酸碱中和原理，测定酸值的方法参阅 GB/T 2895—2008《塑料 聚酯树脂 部分酸值和总酸值的测定》。

3. 实验仪器设备及耗材

（1）实验仪器：分析天平（感量 0.000 1 g）、三角烧瓶（250 mL，磨口）、滴定管（50 mL，分度值 0.1 mL）、移液管（50 mL）、玻璃棒。

（2）实验耗材：甲苯-无水乙醇混合溶剂，2∶1（体积比）；百里香酚蓝指示液，0.1%的无水乙醇溶液；氢氧化钾无水乙醇标准溶液，$c(KOH) = 0.1$ mol/L；丙酮，含水量低于 0.1%（推荐五氧化二磷干燥分析纯丙酮，然后常压蒸馏，接收稳定沸点馏分，丙酮含水量即可低于 0.1%）。

4. 实验步骤

（1）用胶头滴管称取 0.5～3 g 树脂，准确到 0.001 g，置于三角烧瓶中，试样量取决于预期酸值的大小。酸值越大，试样量应越少。

（2）用移液管吸取 50 mL 混合溶剂，加入三角烧瓶中，用玻璃棒搅动至树脂完全溶解。若树脂未完全溶解，可在三角烧瓶上装好冷凝器，置于水浴上加热，加快溶解。若溶解性差，在 5 min 内不能完全溶解，则应重新称取树脂将其溶解在由 50 mL 混合溶剂和 25 mL 丙酮组成的新混合溶剂中进行实验。（在实验报告中应注明这种情况）

（3）将溶液冷却至室温，加入 5 滴百里香酚蓝指示液，用玻璃棒搅拌均匀。用氢氧化钾标准溶液滴定至蓝色并能保持 20～30 s 不消失即为终点。记下消耗的氢氧化钾标准溶液的毫升数 V_1。

（4）空白实验：用相应的混合溶剂进行空白实验，记下消耗的氢氧化钾标准溶液的毫升数 V_2。

（5）KOH 溶液标定：称取 0.1 g 左右的草酸，精确到 0.001 g，置于三角烧瓶中，用 10 mL 的混合溶剂溶解后，加入 3 滴百里香酚蓝指示液，用氢氧化钾标准溶液滴定至蓝色并能保持 20～30 s 不消失即为终点。记下消耗的氢氧化钾标准溶液的毫升数 V。计算出 KOH 的浓度。

（6）计算。

每次测试的酸值 A_V（mgKOH/g）按式（2.1）计算：

$$酸值A_V = \frac{56.1 \times (V_1 - V_2) \times c}{m} \tag{2.1}$$

式中　V_1——滴定时试样消耗氢氧化钾标准溶液的体积，mL；

V_2——滴定时空白实验消耗氢氧化钾标准溶液的体积，mL；

c——氢氧化钾标准溶液的摩尔浓度，mol/L；

m——试样质量，g；

56.1——KOH 的分子量。

KOH 标准溶液应每隔两个星期标定一次，其浓度按式（2.2）计算：

$$c = \frac{m}{MV} \times 2 \times 1\,000 \qquad (2.2)$$

式中　m——称取草酸的质量，g；

　　　M——草酸的分子量，g/mol；

　　　V——消耗 KOH 标准溶液的体积，mL。

（7）测定结果至少以两个平行试样测定值的算术平均值表示，修约成整数。

该测定酸值的方法在合成不饱和聚酯和饱和聚酯时可以作为监控反应程度的一种方法，在掺入苯乙烯交联剂后的不饱和聚酯产品的酸值测定时也适用。

2.2　复合材料树脂基体浇注体的制备

1. 实验目的与要求

（1）掌握树脂合理配方、固化机理。

（2）了解浇注成型工艺特点、浇注成型工艺过程；学会清除热应力方法的操作要点。

（3）了解模具的制作和浇注体的成型。

（4）要求制备的浇注体板材透明、无明显气泡、容易脱模、厚度为（4±0.2）mm。

2. 实验原理

浇注成型是将已准备好的浇注原料注入模具中使其固化（完成聚合或缩聚反应），从而得到与模具模腔相似的制品。浇注成型一般不施加压力，对设备和模具的强度要求不高，对制品尺寸限制较小，制品中内应力也低。因此，生产投资较少，可制得性能优良的大型制件，但生产周期较长，成型后须进行机械加工。在传统浇注基础上，派生出灌注、嵌注、压力浇注、旋转浇注和离心浇注等方法。

3. 实验仪器和模具

仪器与设备：天平。

原材料：191#不饱和聚酯树脂、引发剂（过氧化环己酮）、促进剂（环烷酸钴）。

4. 实验内容

以聚合物为基体的复合材料制品在设计时基体的性能数据通常用树脂浇注体性能数据来代替，因此掌握树脂浇注技术很有必要。树脂浇注体的力学性能实验方法总则参考 GB/T 2567—2021《树脂浇铸体性能试验方法》。

本实验采用液体原料（191#不饱和聚酯树脂为基体材料，按比例加入固化剂、促进剂）直接浇注到一定的模具中，然后原料在模具中固化定型后脱模制作浇注体平板。具体步骤如下。

（1）模具材料的准备和制作。

在两块覆盖有脱模薄膜的模板之间夹入 U 形模框，U 形的开口处为浇注口，U形模框事先涂有脱模剂或覆盖玻璃纸，用弓形夹将其夹紧，两模板间的距离用垫片来控制。U 形橡胶和玻璃板构成浇注成型模具的型腔。

（2）试样的浇注成型。

树脂胶液的配制是将树脂、引发剂、促进剂、助剂等混合均匀。常温固化的树脂具有很短的凝胶期，必须在凝胶以前用完。树脂胶液的配制是浇注成型工艺的重要步骤之一，它直接关系到制品的质量。

不饱和聚酯树脂胶液的配方见表 2.1，配制时按配方先将引发剂过氧化环己酮和树脂混合均匀，成型操作前再加入促进剂环烷酸钴搅匀待使用；也可以预先在树脂胶液中加入环烷酸钴，在成型操作前加入引发剂过氧化环己酮搅匀待使用。

表 2.1　不饱和聚酯树脂胶液配方

组分	配比（质量比）/g
191#不饱和聚酯树脂	100
引发剂（过氧化环己酮）	1～2
促进剂（环烷酸钴）	0.5～2

（3）浇注。

在室温 15～30 ℃，相对湿度小于 75% 下进行，沿浇注口紧贴模板倒入胶液，在整体操作过程中要尽量避免产生气泡。如气泡较多，可采用真空脱泡或振动法脱泡。

（4）固化。

用弓形夹（垫上橡胶垫）夹持模板，待其固化。固化方式有以下三种。

①常温固化。浇注后模子在室温下放置 24～48 h 后脱模。然后敞开放在一个平面上，在室温或标准环境温度下放置 504 h（包括试样加工时间）。

②常温加热固化。浇注模在室温下放置 24 h 后脱模，继续加热固化，从室温逐渐升至树脂热变形温度，恒温若干小时。

③热固化。固化的温度和时间根据树脂固化剂或催化剂的类型而定。

（5）脱模、试样加工。

一般放置 24 h 后脱模，检测试样的外观质量。按试样尺寸划好加工线取样，必须避开气泡、裂纹、凹坑。

（6）应力检查。

浇注体在测试前，用偏振光对内应力进行测试。如有内应力，予以消除。消除内应力的方法如下。

①油浴法。将试样平稳地放置于盛有油的容器中，且使试样整个浸入油中，并将浸入试样的容器放入烘箱内，使箱内温度 1 h 内由室温升至树脂玻璃化温度，恒温 3 h 后关闭电源，待烘箱自然冷却至室温后，将试样从油浴中取出，进行内应力观察。注：油浴用油应对试样不起化学作用，不溶胀、不溶解、不吸收。

②空气浴法。将试样置于有鼓风装置的干燥箱中，处理温度和时间同油浴。

5. 注意事项

（1）引发剂、促进剂不能同时混合在一起。

（2）在整体操作过程中要尽量避免产生气泡。实验前，试样需经严格检查，试样应平整、光滑、无气泡、无裂纹、无明显杂质和加工损伤等缺陷。每组有效试样不少于 5 个。

6. 实验报告

实验报告应包括下列内容。

（1）实验名称、要求和实验原理。

（2）实验仪器、原材料名称、型号、生产厂商。

（3）实验操作步骤。

（4）解答思考题。

7. 思考题

（1）用脂肪胺作为固化剂的环氧树脂浇注体和使用低沸点交联剂的不饱和聚酯树脂浇注体为什么预固化温度不能太高？

（2）分析配方中各个组分的作用？

（3）对浇注用的树脂配方有什么要求？

2.3　复合材料电阻率的测定

1. 实验目的

（1）了解电学性能测试常用仪器——高阻计的基本原理及结构。

（2）掌握复合材料表面电阻和体积电阻系数的测试方法和操作要求。

（3）了解高分子材料产生电导的物理本质、特点及主要影响因素。

2. 实验仪器

ZC36 高阻计。

3. 实验原理

高阻计原理图如图 2.2 所示。测试时被测试样与高阻抗直流放大器的输入电阻 R_0 串联并跨接于直流高压测试电源上（由直流高压发生器发生）。高阻抗直流放大器将其输入电阻上的分压信号经放大后输出，由指示仪表直接读出被测绝缘电阻。

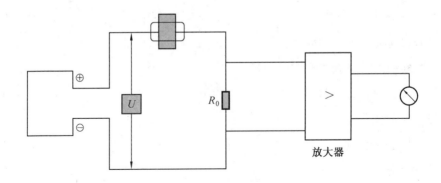

图 2.2　高阻计原理图

4. 实验步骤

本实验参照 GB/T 1410—2006《固体绝缘材料体积电阻率和表面电阻率试验方法》。

（1）试样为圆形板或正方形形状，厚度均匀，表面光滑，无气泡和裂缝，试样尺寸为 100 mm×100 mm，厚度为 1～4 mm。

（2）试样用测试电线和导线接到 R_x 测试端钮和高压线接线柱。测量体积电阻 R_V、表面电阻 R_s 按图 2.3 接线。

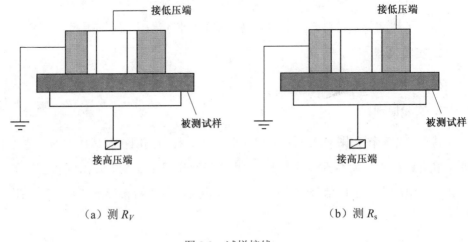

（a）测 R_V　　　　　　　　　　　　　（b）测 R_s

图 2.3　试样接线

（3）测试电压选择开关置于所需要的电压挡。

（4）将"放电-测试"开关置于测试挡，短路开关置"短路"，对试样经一定时间的充电后即可将其输入"短路"打开，进行读数。

（5）当输入短路开关打开后，发现表无读数或很小，换挡后重复以上操作，直至读数清晰为止。

（6）将仪表上的读数乘以倍率，再乘以电压系数，即为试样的电阻值。

（7）每个试样最好只测一次，如测第二次则需要放电，否则残余电场会使测量失误。使用高压挡时，要注意免遭电压击伤。ZC36 高阻计如图 2.4 所示。

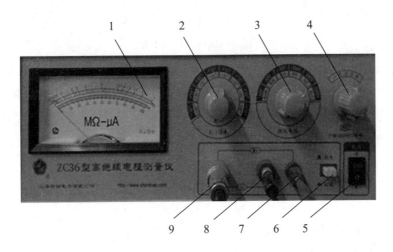

图 2.4　ZC36 高阻计

1—表头；2—倍率选择开关；3—电压选择开关；4—表头极性切换；5—电源开关；

6—放电测试开关；7—高压输出；8—接地按钮；9—输入端口

5. 数据记录和处理

两个电极与试样接触或嵌入试样内，加于两电极上的直流电压和流经电极间的全部电流之比称为绝缘电阻。绝缘电阻是由试样的体积电阻和表面电阻两部分组成的。根据测量的体积电阻值和表面电阻值，分别计算材料的体积电阻率和表面电阻率。板状试样与电极如图 2.5 所示。

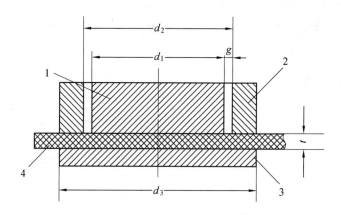

图 2.5　板状试样与电极

1—测量电极；2—保护电极；3—高压电极；4—试样；t—试样厚度；d_1—测量电极直径；

d_2—保护电极直径；d_3—高压电极直径；g—测量电极与保护电极间隙宽度

施于两电极上的直流电压与流过它们之间试样体积内的电流之比称为体积电阻 R_V，由 R_V 及电极和试样尺寸算出的电阻系数称为体积电阻系数 $\rho_V(\Omega\cdot cm)$，计算式为

$$\rho_V = \frac{R_V S}{t}$$

式中　R_V——体积电阻，Ω；

　　　　S——测量电极面积，cm^2；

　　　　t——试样厚度，cm。

施于两电极上的直流电压与沿两电极间试样表面层电流之比称为表面电阻 R_s，由 R_s 及表面上电极尺寸算出的电阻系数称为表面电阻系数 $\rho_s(\Omega\cdot cm)$，计算式为

$$\rho_s = R_s \frac{2\pi}{\ln \dfrac{d_2}{d_1}}$$

式中　R_s——表面电阻，Ω；

　　　　d_2——保护电极直径，cm；

　　　　d_1——测量电极直径，cm。

6. 实验须知

（1）时间因素。聚合物基复合材料电介质在电场中被极化，引起介质吸收现象，流经试样的电流随时间的增加而迅速衰减，直至达到稳定值，不同材料由于电介质分子结构不同，其极化过程的长短也不同。

（2）环境因素。绝缘材料的电阻值随着温度和湿度的升高而减小，对于玻璃钢，由于水分渗入玻璃纤维，因此纤维中某些组分溶解，并不断向试样中心扩散，引起电阻系数大幅度降低，因此，测试时一定要在规定的温度和湿度下进行。

（3）测试电压。由实验可知，在施加电压远低于击穿电压时，电阻系数基本上不随电压的变化而变化。

（4）试样与电极。试样表面状态对表面电阻的测试影响较大，在测试时需用对试样无腐蚀作用的乙醇等擦拭表面。

7. 实验报告

实验报告应包括下列内容。

（1）实验名称、要求和实验原理。

（2）实验仪器、原材料名称、型号、生产厂商。

（3）实验操作步骤。

（4）实验条件（标准）和实验结果记录。

（5）解答思考题。

8. 思考题

（1）试样表面的粗糙度对测定结果有无影响？为什么？

（2）材料的分子结构和聚集态结构与材料的体积电阻和表面电阻有何关系？

（3）材料电阻系数的高低表明材料属于哪一个应用范围？

（4）通过实验说明工程上为什么用体积电阻率表示介电材料的绝缘性质，而不是用绝缘电阻或表面电阻率来表示？

2.4 复合材料拉伸性能的测定

1. 实验目的

（1）熟悉复合材料基体及复合材料拉伸性能测试的标准条件、测试原理及其操作。

（2）测定拉伸强度，观察复合材料拉伸破坏形成，了解测试条件对测定结果的影响。

2. 实验原理

拉伸实验是在规定的实验温度、实验湿度和速度条件下，对标准试样沿纵轴方向施加静态拉伸负荷，直至试样被拉断为止。

将试样夹持在专用夹具上，对试样施加静态拉伸负荷，通过应力传感器、形变测量装置以及计算机处理，测绘出试样在拉伸形变过程中的拉伸应力-应变曲线，计算试样直至断裂为止所承受的最大拉伸应力及断裂伸长率。

3. 仪器与设备

LDT 系列台式电子拉力机及应变仪。

4. 试样的制备

塑料拉伸实验方法可按照 GB/T 1040.1—2006《塑料拉伸性能的测定 第 1 部分：总则》、GB/T 1040.2—2006《塑料拉伸性能的测定 第 2 部分：模塑和挤塑塑料的试验条件》、GB/T 1040.3—2006《塑料拉伸性能的测定 第 3 部分：薄膜和薄片的试验条件》、GB/T 1040.4—2006《塑料拉伸性能的测定 第 4 部分：各向同性和正交各向异性纤维增强复合材料的试验条件》和 GB/T 1040.5—2008《塑料拉伸性能的测定 第 5 部分：单向纤维增强复合材料的试验条件》进行。树脂基体哑铃型式如图 2.6 所示。试样尺寸见表 2.2。

板材厚度≤10 mm 时，可采用原厚为试样厚度；当厚度≥10 mm 时，应从两面机械加工至 10 mm，或按产品标准规定加工。

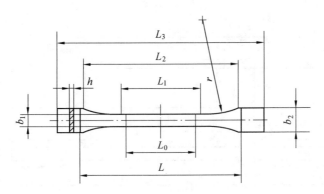

图 2.6　树脂基体哑铃型式

表 2.2　试样尺寸　　　　　　　　　　　　　mm

符号	名称	尺寸	公差	符号	名称	尺寸	公差
L_3	总长度	≥150	—	b_1	中间平行段宽度	10	±0.2
L_2	宽平行间距离	104~113	—	b_2	端部宽度	20	±0.2
L_1	中间平行间距	60	±0.5	h	优选厚度	4	±0.2
L	夹具间距离	115	±5.0	r	半径	60	—
L_0	标距（有效部分）	50	±0.5				

　　纤维增强塑料拉伸实验可按照 GB/T 1447—2005《纤维增强塑料拉伸性能试验方法》进行。Ⅰ型、Ⅱ型试样及尺寸如图 2.7、图 2.8 和表 2.3 所示。

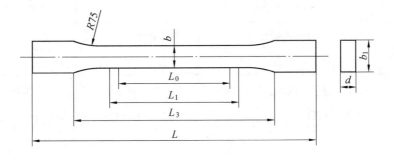

图 2.7　Ⅰ型试样

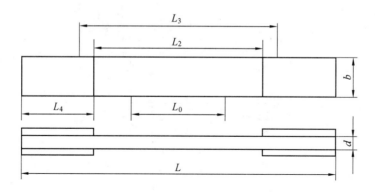

图 2.8 Ⅱ型试样

表 2.3 Ⅰ型试样和Ⅱ型试样的尺寸 mm

符号	名称	Ⅰ型试样	Ⅱ型试样
L	总长	180	250
L_0	标距	50 ± 0.5	100 ± 0.5
L_1	中间平行段	55 ± 0.5	—
L_2	端部加强片间距	—	150 ± 5
L_3	夹具间距离	115 ± 5	170 ± 5
L_4	端部加强片长度（最小）	—	50
b	中间平行段宽度	10 ± 0.2	25 ± 0.5
b_1	端头宽度	20 ± 0.5	—
d	厚度	$2\sim10$	$2\sim10$

注：Ⅰ型试样适用于纤维增强热塑性和热固性塑料板，Ⅱ型试样适用于纤维增强热固性塑料板，Ⅰ、Ⅱ型仲裁试样的厚度为 4 mm；Ⅲ型试样（图 2.9）只适合模压短切纤维增强塑料的拉伸实验，厚度有 3 mm 和 6 mm，仲裁厚度为 3 mm，短切纤维增强塑料的其他拉伸实验可采用Ⅰ、Ⅱ型试样。

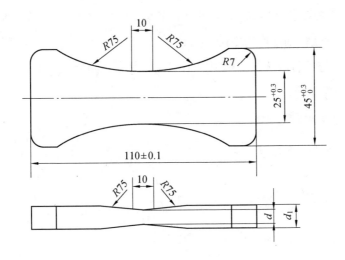

图 2.9　Ⅲ型试样

5. 试样的制备方法

（1）Ⅰ型、Ⅱ型及泊松比试样采用机械加工法制备，Ⅲ型试样采用模塑法制备。

（2）Ⅱ型试样加强片采用与试样相同的材料或比试样弹性模量低的材料，厚度为 1～3 mm。若采用单根试样黏结时，则加强片宽度为试样的宽度；若采用整体黏结后再加工成单根试样时，则宽度满足所要加工试样数量的要求。

（3）Ⅱ型试样加强片：①砂纸打磨或喷砂黏结表面，注意不要损伤材料强度；②用溶剂（如丙酮）清洗黏结表面；③用韧性较好的室温固化黏结剂（如环氧胶黏剂）黏结；④对试样黏结部位加压一定时间直至完全固化。

（4）试样要求表面平整，无飞边、毛刺、气孔等缺陷。每组试样不少于 5 个。将合格试样进行编号、画线，测量试样工作段任意 3 处的宽度、厚度，取平均值。

6. 实验步骤

（1）试样状态调节，试样前应将试样在温度（23±2）℃，相对湿度 45%～50% 的标准条件下至少放置 24 h 或将试样在干燥器内放置 24 h。

（2）接通试验机电源，预热 15 min，打开计算机，选择拉伸方式。

（3）选择合适的夹具安装试样，调整试样垂直居中。

（4）按照试验机控制软件说明书设置实验控制参数。常规拉伸速度为 2～10 mm/min，仲裁拉伸速度为 2 mm/min。

（5）实验完成后，从试验机上取下试样，并用自封袋保存，自封袋上要做明确标识以区分每个试样。

7. 实验数据处理与分析

（1）拉伸强度 σ_t 按下式计算：

$$\sigma_t = \frac{F}{bd}$$

式中　F——最大负荷、断裂负荷、屈服负荷，N；

　　　b——试样宽度，mm；

　　　d——试样厚度，mm。

（2）断裂伸长率 ε（%）按下式计算：

$$\varepsilon = \frac{G - G_0}{G_0} \times 100\%$$

式中　G_0——试样原始标线间距离，mm；

　　　G——试样断裂时标线间距离，mm。

（3）弹性模量以 $E_t (\text{N/mm}^2)$ 表示。

图 2.10 所示为典型的应力-应变曲线，曲线 a 为脆性材料；曲线 b 和 c 为有屈服点的韧性材料；曲线 d 为无屈服点的韧性材料。为了计算弹性模量，通常要作出应力-应变曲线，再从曲线的初始直线部分按下式计算弹性模量 E_t：

$$E_t = \frac{\sigma_2 - \sigma_1}{\varepsilon_2 - \varepsilon_1} \times 100\%$$

式中　E_t——弹性模量；

　　　ε_1、ε_2——应变值；

　　　σ_1、σ_2——应变值对应测量的应力，N/mm^2。

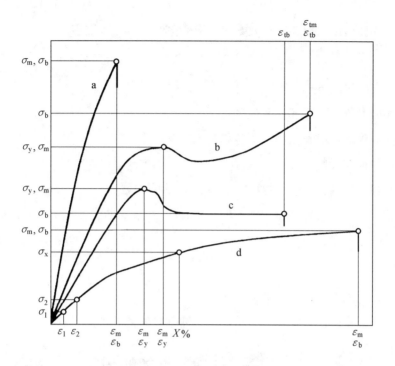

图 2.10　典型的应力-应变曲线

（4）数据统计。

为正确评估复合材料的力学性能，每一组实验完成后都需要给出所测性能的平均值、标准差：

$$\overline{x} = \frac{1}{n}\sum_{i=1}^{n} x_i$$

$$S = \sqrt{\frac{\sum (x_i - \overline{x})^2}{n-1}}$$

式中　$\overline{x}$——性能均值；

　　　n——试样数量；

　　　x_i——性能值；

　　　S——标准差。

应力、弹性模量保留 3 位有效数字，应变保留 2 位有效数字。

8. 实验报告

实验报告应包括下列内容。

（1）实验名称、要求和实验原理。

（2）实验仪器、材料名称、型号、生产厂商。

（3）实验操作步骤。

（4）实验条件（标准），试样类型、尺寸、制备方法。

（5）拉伸速度、拉伸强度、断裂伸长率、应力-应变曲线图和实验结果记录。

（6）解答思考题。

9. 思考题

（1）拉伸速度对测试结果有何影响？

（2）为什么实验温度偏高时，试样的拉伸强度偏低？

2.5 复合材料冲击性能的测定

1. 实验目的

掌握冲击实验方法和简支梁冲击试验机的基本结构，了解测试条件对测定结果的影响。

2. 实验原理

将试样安放在简支梁冲击机的规定位置上，然后利用摆锤自由落下对试样施加冲击负荷，使试样破裂。用试样单位截面积所消耗的冲击功来评价材料的耐冲击韧性。

3. 实验仪器及试样

根据实验中试样受力形式和冲击物的几何形状，试样的冲击实验方法可分为简支梁冲击实验、悬臂梁冲击实验和落锤式冲击实验；薄片和薄膜试样的冲击实验方法有抗摆锤冲击或自由落镖冲击实验。所有冲击实验均应按 GB/T 2918—2018《塑料试样状态调节和试验的标准环境》的规定，在（23±2）℃、常湿下进行试样环境调节，调节时间不少于 4 h。本实验采用简支梁冲击实验，纤维增强塑料简支梁冲击实验方法参照 GB/T 1451—2005《纤维增强塑料简支梁式冲击韧性试验方式》。

实验仪器：摆锤式简支梁冲击机。冲击试样如图 2.11 所示。试样类型、尺寸、跨距见表 2.4。

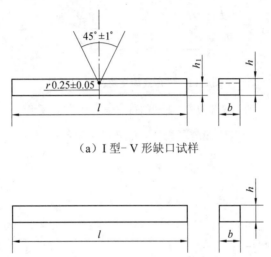

（a）Ⅰ型-Ⅴ形缺口试样

（b）Ⅱ型-无缺口试样

图 2.11　冲击试样（单位 mm）

表 2.4　试样类型、尺寸、跨距　　　　　　　　　　　　　　　mm

类型	长度 l	宽度 b	厚度 h	缺口下厚度 h_1	缺口底部圆弧半径 r	跨距
Ⅴ形缺口试样	120±2	15±0.5	10±0.5	0.8h	0.25±0.05	70
无缺口	120±2	15±0.5	10±0.5	—	—	70
Ⅴ形缺口小试样	80±2	10±0.5	4±0.2	0.8h	0.25±0.05	60
无缺口小试样	120±2	10±0.5	4±0.2	—	—	60

摆锤式简支梁冲击示意图如图 2.12 所示。

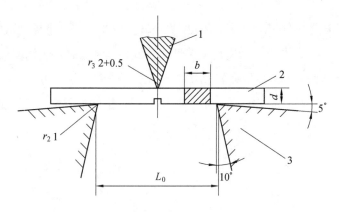

图 2.12　摆锤式简支梁冲击示意图

1—摆锤刀刃；2—试样；3—支座；L_0—跨距

图 2.13 所示为国产 XJJ-50 摆锤式简支梁冲击机结构图。

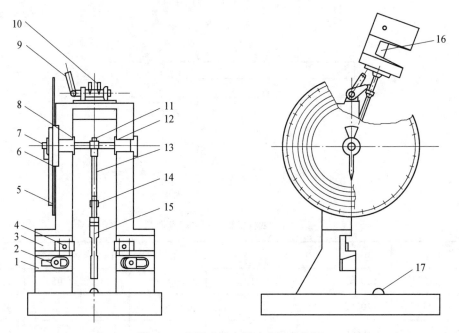

图 2.13　摆锤式简支梁冲击机结构图

1—固定支座；2—紧固螺钉；3—活动试样支座；4—支承刀刃；5—被动指针；6—主动指针；
7—螺母；8—摆轴；9—撤动手柄；10—挂钩；11—紧固螺钉；12—连接套；13—摇杆；
14—调整套；15—摆体；16—冲击刀刃；17—水准泡

4. 实验步骤

（1）试样外观检查按照 GB/T 1446—2005《纤维增强塑料性能试验方法总则》中的规定。将合格试样进行编号，测量试样缺口处的宽度，用投影仪或其他量具测量缺口处的最小厚度，每个试样的宽度、厚度尺寸各测量三点，取其算术平均值，每三个试样为一组。

（2）选择合适能量的摆锤，使冲断试样所消耗的功落在满量程的 10%～85%范围内。用标准跨距样板调节支座的跨距，使其为（70±0.5）mm。

（3）实验前，须经一次空载冲击，调整试验机读数盘的指针使其指到零点。若超过误差范围，则应调整机件间的摩擦力，一直至指针示值在误差范围之内。

（4）放置试样。试样应放置在两活动支座的上平面上，将试样带缺口的一面背向摆锤，用试样定位板来安放试样，使缺口中心对准打击中心。

（5）完成上述准备工作后，便可以进行正式冲击实验。首先检查冲击摆是否处于所需的扬角位置，调整盘上的被动指针与主动指针互相接触。然后搬动手柄 9，摆锤即自由落下，冲断试样。当摆锤在空中瞬时静止时应及时接住，使其止动并读取度盘上被动指针的指示数值。记录冲断试样所消耗的功及破坏形式。有明显内部缺陷或不在缺口处破坏的试样，应予作废。试样无破坏的冲击值应不取值，试样完全破坏或部分破坏的可以取值。

5. 实验注意事项

（1）由于试验机的安装正确与否直接影响其精度，因此，实验前对仪器的状态要进行检查，观察水泥台是否坚固，机座水平度是否到位，地脚螺钉有没有拧紧，发现问题及时纠正。

（2）试验机上被动指针压紧钢珠的松紧程度影响着指示能量消耗的准确性，实验前要调整适当，以免位能量损失超值。

（3）为避免被冲断试样飞出伤人，实验时应在试样飞出方向设置防护罩。

6. 实验结果与数据处理

（1）缺口试样简支梁冲击强度 a_k 由下式求得：

$$a_k = \frac{A_k}{bh} \times 10^3$$

式中　a_k——冲击强度，kJ/m^2；

　　　A_k——冲断试样所消耗的冲击能，J；

　　　b——试样缺口下的宽度尺寸，mm；

　　　h——试样缺口处的厚度尺寸，mm。

（2）无缺口试样简支梁冲击强度 a 由下式求得：

$$a = \frac{A}{bh} \times 10^3$$

式中　a——冲击强度，kJ/m^2；

　　　A——冲断试样所消耗的冲击能，J；

　　　b——试样宽度尺寸，mm；

　　　h——试样厚度尺寸，mm。

（3）计算强度值的算术平均值，标准偏差 S 由下式求得：

$$S = \sqrt{\frac{\sum (x_i - \overline{x})^2}{n-1}}$$

式中　x_i——单位测定值；

　　　$\overline{x}$——组测定值的算术平均值；

　　　n——测定值个数。

（4）计算 5 个试样实验结果的算术平均值和标准偏差，全部计算结果以两位有效数字表示。

7. 实验报告

实验报告除了实验目的、原理、步骤以外，还应包括下列内容。

（1）材料名称、规格。

（2）试样的制备及缺口加工方法、取样方向。

（3）试样的类型、尺寸和缺口类型。

（4）摆锤的最大能量、冲击速度。

（5）缺口试样或无缺口试样冲击强度的算术平均值、标准偏差。

（6）试样的破坏类型及试样破坏百分率。

如果同样材料观察到一种以上的破坏类型，须报告每种破坏类型的平均冲击值百分率。

8. 思考题

（1）同一材料的无缺口和有缺口两组试样，冲击实验结果哪组离散性大，为什么？怎样减少其离散性？

（2）对于脆性材料，冲击实验指示盘上所指示的冲断功往往比实际消耗的功大还是小，为什么？

（3）如何调整仪器处于良好状态，减少实验结果的误差？

2.6　复合材料弯曲性能的测定

1. 实验目的

掌握玻璃纤维增强复合材料的弯曲性能及测定方法。

2. 实验原理

复合材料的弯曲实验中试样的受力状态比较复杂，有拉力、压力、剪力和挤压力等，因而对成型工艺配方、实验条件等因素的敏感性较大。用弯曲实验作为筛选实验是简单易行的，也是比较适宜的。

玻璃纤维增强塑料弯曲性能实验方法（GB/T 1446—2005），适用于测定玻璃纤维织物增强塑料板材和短切玻璃纤维增强塑料的弯曲性能，包括弯曲强度、弯曲弹性模量，规定挠度下的弯曲应力、弯曲载荷-挠度曲线。弯曲实验一般采用三点加载简支梁，即将试样放在两支点上，在两支点间的试样上施加集中载荷，使试样变形直至破坏时的强度为弯曲强度。

3. 实验仪器及试样

实验仪器：万能试验机。试样型式和尺寸如图 2.14 所示。

图 2.14　弯曲试样

弯曲试样尺寸见表 2.5，仲裁尺寸见表 2.6（参照 GB/T 1446—2005）。

表 2.5　弯曲试样尺寸　　　　　　　　　mm

厚度 h	纤维增强热塑性塑料宽度 b	纤维增强热固性塑料宽度 b	最小长度 L_{min}
$1 < h \leqslant 3$	25 ± 0.5	15 ± 0.5	
$3 < h \leqslant 5$	10 ± 0.5	15 ± 0.5	
$5 < h \leqslant 10$	15 ± 0.5	15 ± 0.5	
$10 < h \leqslant 20$	20 ± 0.5	30 ± 0.5	$20\,h$
$20 < h \leqslant 35$	35 ± 0.5	50 ± 0.5	
$35 < h \leqslant 50$	50 ± 0.5	80 ± 0.5	

表 2.6　仲裁尺寸　　　　　　　　　mm

材料	长度	宽度	厚度
纤维增强热塑性塑料	$\geqslant 80$	10 ± 0.5	4 ± 0.2
纤维增强热固性塑料	$\geqslant 80$	15 ± 0.5	4 ± 0.2
短切纤维增强塑料	$\geqslant 120$	15 ± 0.5	6 ± 0.2

4. 实验条件与步骤

（1）弯曲装置示意图如图 2.15 所示。加载上压头圆柱面半径 R 为（5±0.1）mm，支座圆角半径 r 为（2±0.2）mm（当 $h>3$ mm 时）和（0.5±0.2）mm（当 $h\leqslant3$ mm 时），若试样出现明显支座压痕，应改为 2 mm。将合格试样编号、画线，测量试样中间任意三点的宽度和厚度，取算术平均值。

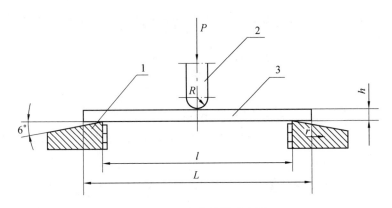

图 2.15　弯曲装置示意图

1—支座；2—加载上压头；3—试样；L—试样长度，l—跨距

（2）根据厚度选择跨距、速度、压头。调节跨距及上压头的位置，准确至 0.5 mm。加载上压头于支座中间，且上压头和支座的圆柱面轴线相平行，跨距 l 可按照厚度 h 换算而得，　　　　$l =(16\pm1)\,h$。

（3）标记试样面，将试样对称地放在两支座上。必要时，在试样上表面与加载上压头间加设薄垫块，防止试样受压失效。

（4）选择加载速度为 $v = \dfrac{h}{2}$（mm/min）。

（5）测定弯曲弹性模量和弯曲载荷挠度曲线时，将测量变形仪表置于试样跨距中心与试样下表面接触，施加约 5% 破坏载荷的初载，检查并调整仪表使整个系统处于正常状态，然后分级加载（测弹性模量时至少分五级加载），施加载荷不超过破坏载荷的 50%，记录各级载荷和挠度，亦可自动连续加载和记录。

（6）测定弯曲强度时连续加载。在挠度小于或等于 1.5 倍试样厚度下呈现最大载荷或破坏试样，记录最大载荷或破坏载荷。在挠度等于 1.5 倍试样厚度下不呈现破坏的试样，记录该挠度下的载荷。

（7）试样呈层间剪切破坏，有明显内部缺陷或在试样中间的 1/3 跨距以外破坏的试样应予作废。有效试样至少 5 个。

5. 实验结果与数据处理

（1）弯曲强度 σ_f（或挠度为 1.5 倍试样厚度时的弯曲应力）按下式计算：

$$\sigma_f = \frac{3Pl}{2bh^2}$$

式中　σ_f——弯曲强度（或挠度为 1.5 倍试样厚度时的弯曲应力），MPa；

　　　P——破坏载荷（或最大载荷，或挠度为 1.5 倍试样厚度时的载荷），N；

　　　l——跨距，mm；

　　　b——试样宽度，mm；

　　　h——试样厚度，mm。

（2）弯曲弹性模量按下式计算：

$$E_f = \frac{l^3 \Delta P}{4bh^2 \Delta f}$$

式中　E_f——弯曲弹性模量，MPa。

　　　ΔP——载荷-挠度曲线上初始直线段的载荷增量，N。

　　　Δf——与载荷增量 ΔP 对应的跨距中点处的挠度增量，mm。

（3）计算一组试样的算术平均值，取 3 位有效数字。

6. 实验报告

实验报告除了实验目的、原理、步骤以外，还应包括下列内容。

（1）材料名称、牌号、来源及制造厂家。

（2）试样的制备方法、试样尺寸和各向异性材料切取方向。

（3）试验机型号。

（4）实验条件、温度、速度与跨度。

（5）试样的预处理方法。

（6）所用试样的数量；在规定挠度时的弯曲应力算术平均值；断裂时的弯曲应力算术平均值；最大负荷时的弯曲强度算术平均值。

7. 思考题

（1）为什么弯曲实验要规定试样的宽度，并由厚度决定？

（2）跨度、实验速度对弯曲强度测定结果有何影响？

（3）根据实验结果分析玻璃钢材料的弯曲特性。

2.7　复合材料压缩性能的测定

1. 实验目的

（1）熟悉复合材料压缩性能测试标准条件、测试原理及其操作。

（2）了解测试条件对测定结果的影响。

2. 实验原理

将试样夹持在专用压缩夹具上，对试样施加静态压缩负荷，通过负荷指示器、变形指示器以及计算机处理，测绘出试样的压缩负荷变形曲线以及变形过程中的特征量，如在压缩实验过程中的任一时刻，试样单位原始横截面积所承受的压缩负荷（压缩应力）；由压缩负荷引起的试样高度的改变量（压缩变形）；在压缩实验的负荷变形曲线上第一次出现的应变或变形增加而负荷不增大的压应力值（压缩屈服应力）；在压缩实验过程中，试样所承受的最大压缩应力（压缩强度）；在应力-应变曲线的线性范围内，压缩应力与压缩应变之比（压缩模量）。

3. 原材料试样与实验设备

（1）原材料试样。

①试样形状应为正方柱体或矩形柱体或圆柱体，试样各处高度相差不大于0.1 mm，两端面与主轴必须垂直。

圆柱体：直径（10±0.2）mm，高（25±0.5）mm。

正方柱体：横截面边长（10±0.2）mm，高（30±0.2）mm。

②试样所有表面均应无可见裂纹、刮痕或其他可能影响结果的缺陷。

③各向同性材料每组试样至少5个。

④各向异性材料每组取10个试样,垂直于和平行于各向异性的主轴方向各取5个。

本次实验试样采用玻璃钢试样，玻璃钢压缩性能的测定参照 GB/T 1448—2005《纤维增强塑料压缩性能试验方法》。

（2）实验设备：万能试验机。

4. 实验步骤

（1）除非产品标准另有规定，否则试样应按 GB/T 2918—2018 进行状态调节实验。

（2）沿试样高度方向测量3处横截面尺寸并计算平均值。

（3）必要时安装变形指示器。

（4）把试样放在两压板之间，并使试样中心线与两压板中心连线重合，确保试样端面与压板表面平行。调整试验机，使压板表面恰好与试样端面接触，并把此时定为测定形变的零点。

（5）根据材料的规定调整实验速度。若没有规定，则调整速度为 1 mm/min，易变形的材料可以采用表中给出的较高速度。

（6）开动试验机并记录下列各项。

①适当应变间隔时的负荷及相应的压缩应变。

②试样破裂瞬间所承受的负荷，以牛顿为单位。

③如试样不破裂，记录在屈服或偏置屈服点及规定应变值为25%时的压缩负荷，压缩负荷单位为牛顿。

5. 实验结果表示

（1）压缩强度，以每组试样结果的算术平均值表示，取3位有效数字。

$$\sigma_c = \frac{P}{F}$$

式中　σ_c——压缩强度，MPa；

　　　P——最大压缩载荷，N；

　　　F——试样横截面积，mm^2。

（2）压缩弹性模量。

$$E_c = \frac{\Delta P L_0}{bh\Delta L}$$

式中　E_c——压缩弹性模量，MPa；

　　　ΔP——载荷-形变曲线初始直线段的载荷增量，N；

　　　L_0——标距，mm；

　　　ΔL——与载荷增量ΔP 对应的标距的变形量，mm。

6. 实验报告

实验报告除了实验目的、原理、步骤以外还应包括下列内容。

（1）材料名称、规格、来源及生产厂家。

（2）试样的形状、尺寸和制备方法。

（3）试验机型号和实验速度；所用的变形指示器的类型。

（4）所测试样的数量和报废的数目。

（5）单个实验结果及平均值。

（6）解答思考题。

7. 思考题

（1）实验过程中哪些因素会影响测定结果？如何避免？

（2）根据实验结果分析玻璃钢试样的压缩特性。

2.8　复合材料洛氏硬度的测定

1. 实验目的

掌握洛氏硬度压痕的测定方法。

2. 实验原理

用规定的压头，在先后施加初试验力 F_0 和总试验力 F_1 的作用下，分别压入试件表面 h_0、h_1，在总试验力保持一定时间后，卸除总试验力 F_1，保持初试验力，测量其压入的深度 h_2 和初试验力作用下的压入深度 h_0 之差来表示压痕深度的永久增量，每压入 0.002 mm 为一个塑料洛式硬度。一般从指示表盘上直接读出。洛氏硬度实验原理如图 2.16 所示。

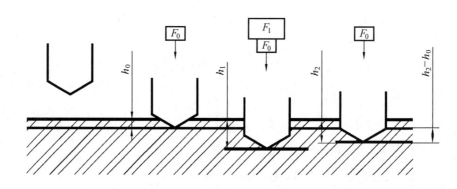

图 2.16　洛氏硬度实验原理图

洛氏硬度值按下式计算：

$$HR = K - \frac{h_2 - h_0}{0.002}$$

式中　K——常数，当采用金刚石圆锥压头时为 100，当采用钢球压头时为 130。

3. 实验仪器

洛氏硬度计，由机身、试验力施加机构及试件机构等部分构成，如图 2.17 所示。

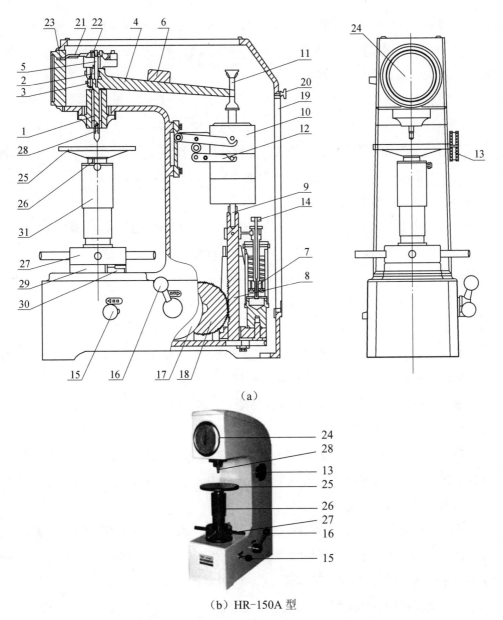

（a）

（b）HR-150A 型

图 2.17　硬度计机身、试验力施加机构及试件机构

1—主轴；2—圆形刀子；3—长菱形刀子；4—大杠杆；5—顶杆；6—顶杆；7—缓冲器；8—齿条轴；
9—顶杆；10—砝码；11—吊环；12—变荷架；13—手把；14—油针；15—操纵手柄；16—手柄；
17—齿轮；18—齿轮；19—齿轮；20—小刀子；21—小杠杆；22—调整板；23—接杆；
24—指示器；25—工作台；26—丝杠；27—手轮；28—钻头；29—保护套；30—丝杠座

机身为一封闭的壳体，除工作台、丝杠、操纵手柄露出外，其他机构均装置在机身壳中，便于保持清洁。试验力施加机构由主轴、丝杠、刀刃、砝码缓冲器、砝码变换机构、操纵手柄等组成。

初试验力主要由图 2.17 中主轴（1）、圆形刀子（2）、长菱形刀子（3）、大杠杆（4）、小杠杆（21）、顶杆（5）等零件的重量以及指示器（24）的测量压力产生。当试件与压头接触并继续上升，使大、小杠杆处于水平位置时（指示器小指针指于红点处，大指针垂直向上），由于杠杆等的重量及指示器的测量压力，压头即可受到 98.07 N（10 kg）的初试验力。

总试验力由主试验力（由砝码的重量产生）加上初试验力组成，如图 2.17 所示，在缓冲器（7）、齿条轴（8）、顶杆（9）上设有两个砝码（10）与吊环（11）。当拉动手柄（15）使缓冲器的活塞下降时，齿条轴（8）、顶杆（9）与吊环（11）、砝码（10）也随同下降，于是砝码（10）与吊环（11）的重量便作用在大杠杆（4）上使压头受到总试验力的作用。

机身内装有砝码变荷架（12），当转动变换手把（13）至不同位置时，便可得到所需要的 1 471 N、980 N 或 588.4 N 三种不同的总试验力。

油针（14）用于使主试验力的施加保持一定的速度并避免冲击现象。手柄（15）用于施加主试验力，手柄（16）用于卸除主试验力，当拉动手柄（15）时，齿轮（17）及齿轮（18）开始旋转，齿条轴（8）、顶杆（9）及缓冲器活塞随同下降，同时手柄（16）按逆时针方向转动，当吊环在下降过程中被装于大杠杆尾端的小刀子（20）托住时，主试验力即可完全施加。

指示机构由顶杆（5）、小杠杆（21）、调整板（22）、接杆（23）及指示器（24）等零件组成，当上升试件，压头被顶起时，顶杆（5）便顶起小杠杆（21），经接杆（23）带动指示器（24）的指针旋转。

试件支撑机构包括工作台（25）、丝杠（26）、手轮（27）、丝杠座（30）、保护套（29）。

4. 实验试样

本实验试样采用玻璃钢试样，玻璃钢的洛氏硬度测试参照 GB/T 3398.2—2008

《塑料硬度的测定　第 2 部分：洛氏硬度》。

（1）厚度均匀，无气泡，表面平整光滑，无机械损耗以及杂质。

（2）厚度不小于 4 mm，宽度不小于 15 mm，推荐试样尺寸为 50 mm×50 mm×4 mm。

（3）每组试样不得少于 5 个。

5. 实验步骤

（1）条件选择。

①温度：热固性材料为（20±5）℃，热塑性材料为（20±2）℃。

②试样应在实验温度下最少放置 16 h 后，开始硬度测定。

③钢球直径和负荷大小应根据试样预期硬度值和厚度按表 2.7 进行选择。

表 2.7　洛氏硬度标尺

标尺	球压头/mm	初试验力/N	总试验力/N
HRE	3.175	98.07	980.7
HRL	6.35	98.07	588.4
HRM	6.35	98.07	980.7
HRR	12.7	98.07	588.4

（2）实验操作。

①根据被测试样的软硬程度选择标尺，顺时针转动变荷手柄，确定总试验力，应尽可能使塑料洛氏硬度值处于 30～115 之间，少数材料不能处于此范围的不得超过 125，如果一种材料用两种标尺进行测试，所得值处于极限值时，则选用较小值的标尺，同种材料应选同一标尺。

②将被测试件置于试验台上，顺时针转动旋转手轮，上升螺杆应使试件缓慢无冲击地与压头接触，直至硬度指示器表小指针从黑点移到红点，与此同时，长指针转过 3 圈垂直指向"30"处。此时，已施加了 98.07 N 初试验力，长指针偏移不得超过 5 个分度值，若超过此范围不能测试，改换测点位置重做。

③转动硬度计表盘，使指针对准"30"位，拉动操纵手柄（15），如图 2.17 所示。施加主试验力，这时指示器的大指针按逆时针转动。

④当指示器指针的转动显著停下来后，保持 5 s 时间后，即可将卸载手柄（16）以 2～3 s 的时间推回，卸除主试验力。

⑤立即读长指针所指向的数值，塑料洛氏硬度示值读取的同时应分别记录加主试验力后长指针通过"0"点的次数及卸除主试验力后长指针通过"0"点的次数并相减。按标准方法读取硬度示值。

⑥反向旋转升降螺杆手轮，使试验台下降，更换测试点，重复上述操作，在每个试件上的测试点不少于 5 个点。

6. 数据处理

测 6 个点的硬度（第一个值不要），取平均值。

7. 实验报告

实验报告除了实验目的、原理、步骤以外还应包括下列内容。

（1）材料名称。

（2）试样的制备方法、试样尺寸；试验机型号，所用试样的数量。

（3）材料硬度平均值和标准差。

8. 思考题

（1）塑料硬度的测定方法中，测量压痕深度与测量压痕直径比较，哪一种较准确？为什么？

（2）叙述塑料球压痕硬度实验原理。

（3）何谓初负荷和实验负荷？

（4）为什么对试样加上初负荷和实验负荷后读取硬度值都有时间要求？

（5）对未知硬度范围的材料，选择实验负荷时为什么应从小到大逐级项试选择？

2.9　玻璃钢的制备及巴氏硬度的测定

1. 实验目的

（1）掌握手糊成型工艺的要点、操作程序和技巧。

（2）合理裁剪玻璃布和铺设玻璃布。

（3）理解不饱和聚酯树脂配方、凝胶、脱模强度、富树脂层等物理概念和实际意义。

（4）熟练测试玻璃钢的力学性能。

2. 实验内容

（1）玻璃钢的制备——手糊成型法。

（2）测试玻璃钢的硬度。

3. 实验原理

不饱和聚酯树脂中的苯乙烯既是稀释剂又是交联剂，黏度较小，工艺性好，在固化过程中不放出小分子，所以手糊制品几乎 90%采用不饱和聚酯树脂。

本实验采用液体树脂浸渍玻璃布，以手糊的方法将其铺敷在玻璃板模具上制作玻璃钢平板。树脂固化后，从玻璃板模具上脱模，得到玻璃钢平板，然后测试其力学性能。

手糊成型又称接触成型，是用纤维增强材料和树脂胶液在模具上铺敷成型，室温（或加热）、无压（或低压）条件下固化，脱模成制品的工艺方法。其工艺流程如图 2.18 所示。

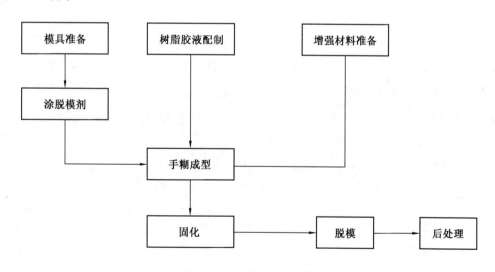

图 2.18　手糊成型工艺流程

手糊成型按成型固化压力可分为两类：接触压和低压（接触压以上）。前者为手糊成型、喷射成型。后者包括对模成型、真空成型、袋压成型、热压釜成型以及树脂传递模塑（RTM）成型和反应注射模塑（RM）成型等。

手糊成型工艺是复合材料最早的一种成型方法。虽然它在各国复合材料成型工艺中所占比重呈下降趋势，但仍不失为主要成型工艺。

（1）手糊成型的优点。

①手糊成型不受产品尺寸和形状限制，适宜尺寸大、批量小、形状复杂产品的生产。

②设备简单、投资少、设备折旧费低。

③工艺简便。

④易于满足产品设计要求，可以在产品不同部位任意增补增强材料。

⑤制品树脂含量较高，耐腐蚀性好。

（2）手糊成型的缺点。

①生产效率低，劳动强度大，劳动卫生条件差。

②产品质量不易控制，性能稳定性不高。

③产品力学性能较低。

4. 实验仪器和药品

原材料：191#树脂（是丙二醇、顺丁烯二酸、邻苯二甲酸聚酯的苯乙烯溶液，适用制作刚性、半透明制品）、引发剂、促进剂等。

模具材料：玻璃板、薄膜。

手糊工具：毛刷、烧杯。

主要仪器：电子台秤、万能电子拉力机、巴氏硬度计等。

5. 实验步骤

玻璃钢的制备。

（1）模具准备。

将 500 mm×500 mm 玻璃平板表面擦洗干净、干燥，作为模具备用。

（2）玻璃布剪裁。

估算玻璃布的层数，用剪刀剪裁长、宽各 350 mm 的玻璃布若干块。

（3）不饱和聚酯树脂胶液的配制，常见配方见表 2.8。配制时按配方先将引发剂过氧化环己酮和树脂混合均匀，成型操作前再加入促进剂环烷酸钴搅匀待使用；也可以预先在树脂液中加入环烷酸钴，在成型操作前加入引发剂过氧化环己酮搅匀待使用。

表 2.8　不饱和聚酯树脂配方

组分	配比（质量比）/g
191#不饱和聚酯树脂	100
引发剂（过氧化环己酮）	1～2
促进剂（环烷酸钴）	0.5～2

（4）手糊成型操作。

①用聚酯薄膜作为脱膜剂，将其平整地铺敷在玻璃板上。为了避免塑料薄膜在手糊过程中移动，可用透明胶布将其固定在玻璃板上。

②将玻璃布铺放在玻璃板的塑料薄膜上。根据自定的力学性能目标设计配方、层数等，按设计配方将引发剂与不饱和聚酯树脂配合搅匀，然后加入促进剂搅匀，马上淋浇在玻璃布上，并用毛刷正压（不要用力涂刷，以免玻璃布移动），使树脂浸透玻璃布，观察不应有明显的气泡。

③铺放下一层玻璃布，并立即涂刷树脂，一般树脂质量分数约 50%；紧接着第二层、第三层依次重复操作，注意玻璃布接缝应错开位置，每层之间都不应该有明显的气泡，即不应有直径 1 mm 以上的气泡。

④达到所需厚度时，手糊成型完成。为了达到玻璃钢板双面平整、光滑的表面效果，可将一层聚酯薄膜铺放在玻璃钢板上并盖上一块玻璃平板。

⑤手糊完毕后需待玻璃钢达到一定强度后才能脱模，这个强度定义为能使脱模操作顺利进行而制品形状和使用强度不受损坏的基本强度，低于这个强度而脱模就会造成损坏或变形。通常气温 15～25 ℃、24 h 即可脱模；30 ℃以上 10 h 对形状简

单的制品可脱模；气温低于 15 ℃则需要加热升温固化后再脱模。

⑥玻璃钢板脱模后，修理毛边，并美化装饰。

（5）自我质量评定。

①表面质量是否平整光滑，是否肉眼可看见气泡、分层？

②形状尺寸与设计尺寸是否相符？

6. 巴氏硬度的测定

（1）巴氏硬度是以压痕深浅来表示试样的硬度，但它不是一个绝对硬度值，而是一个与玻璃硬度相比较的相对值。所以每次使用前一定要用玻璃校正或标定。具体方法是取一平板玻璃置于巴氏硬度计压头下，用力压下去，看指针是否指向 100，如不是则调整为 100。

HBa-1 巴氏硬度计的主要结构如图 2.19 所示。硬度计的主要测量结构安装在机架 12 上。在下部满度调整螺丝 7 中间是一个压头 11，压头上端顶着载荷弹簧 2 压着的主轴 4。测量时主轴的上下移动通过换向杠杆 5 而使指示表 6 指示出读数。装于机后部的撑脚 13 保证使测量轴线垂直于被测表面。左、右两半机壳 1 保护内部结构不被损坏或变动。

（2）玻璃钢表面应平整光滑、无气泡和裂纹。将试样平放于试验台面上，不应悬空和翘曲，然后握住巴氏硬度计以较大的手力往试样上表面压下，同时观察和记录硬度计表头指示出的最大数。重复 10～20 次，每次测点应至少相隔 5 mm。

（3）测量完以后还应用玻璃片再校核一次，看巴氏硬度计的压头是否受损，如压头受损则玻璃试片所测数就不会是 100，此时的处理办法是将前面所测数据全面检查，反常数据都应丢弃。

（4）将结果用统计法求出算术平均值、标准差和离散系数。

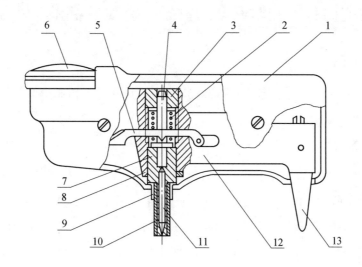

图 2.19 巴氏硬度计结构

1—机壳； 2—载荷弹簧；3—载荷调整螺丝；4—主轴；5—杠杆；6—指示表；7—满度调整螺丝；
8—锁紧螺母；9—弹簧筒；10—弹簧；11—压头；12—机架；13—撑脚

7. 实验报告

实验报告除了实验目的、原理、步骤以外还应包括树脂配方及解答思考题，硬度的算术平均值、标准差和离散系数。

8. 思考题

（1）玻璃板上塑料薄膜的作用是什么？可用其他物质替代它吗？

（2）分析本实验中手糊玻璃钢制品缺陷的形成原因及防治方法。

（3）判断制品是否达到脱模强度有什么方法？有哪些因素影响制品脱模顺利？

（4）分析手糊成型工艺对玻璃钢性能的影响。

2.10　酚醛树脂凝胶时间、挥发分、树脂含量和固体含量测定

1. 实验目的

掌握酚醛树脂几个重要技术参数的测定方法，证实酚醛树脂由 B 阶段向 C 阶段过渡时放出小分子的事实。

2. 实验原理

酚醛树脂由于苯酚上羟甲基（—CH_2OH）的作用，它的固化与环氧树脂和不饱和聚酯树脂不同，在加热固化过程中两个—CH_2OH 作用将会脱下一个 H_2O 和甲醛（CH_2O），甲醛又会马上与树脂中苯环上的活性点反应生成一个新的—CH_2OH。这个过程的快慢和放出水分子的本质，将需要用实验证实，从而帮助学生理解树脂含量和固体含量的不同含义。

3. 实验仪器和设备

分析天平、可调电炉、聚速板、秒表、称量瓶或坩埚等。

4. 实验步骤

（1）将聚速板置于可调电炉上加热。插入一支温度计，调至（150±1）℃且恒定，迅速取 A 阶段酚醛树脂的乙醇溶液 1～1.5 g 放入聚速板中央的凹坑处，同时用秒表计时并开始用玻璃棒摊平和不断搅动，树脂逐渐变黏稠并起丝，直至起丝挑起即断时为终点，停止秒表，记录此时间，即为该树脂样品的（150±1）℃条件下的凝胶时间，以秒数表示。重复操作三次，同一树脂每次相差不应大于 5 s，取其平均值。

（2）取一已恒重的称量瓶或坩埚，称量为 m_1；取 1 g 左右的 A 阶段酚醛树脂溶液于称量瓶中，称量总质量为 m_2；然后将它放入（80±2）℃的恒温烘箱中处理 60 min，取出放入干燥器中冷却至室温，称量为 m_3。则树脂含量 R_c 是指挥发溶剂后测出的溶液中树脂的百分比，即

$$R_c = \frac{m_3 - m_1}{m_2 - m_1} \times 100\%$$

（3）将称量为 m_3 的试样再放入（160±2）℃的恒温烘箱中处理 60 min，取出在干燥器中冷却至室温后称量为 m_4，则固体含量 S_c 是指 A 阶段树脂进入 C 阶段后树脂的百分比，即

$$S_c = \frac{m_4 - m_1}{m_2 - m_1} \times 100\%$$

挥发分 V_c 就是指 B 阶段树脂进入 C 阶段树脂过程中放出的水和其他可挥发的成分所占 B 阶段树脂的百分比，即

$$V_c = \frac{m_3 - m_4}{m_3 - m_1} \times 100\%$$

高温固化绝对脱水量（m_3-m_4）和溶剂量（m_2-m_3）与树脂溶液总量（m_2-m_1）之比称为总挥发量 F_c：

$$F_c = \frac{m_2 - m_4}{m_2 - m_1} \times 100\%$$

由此，V_c 与 F_c 的区别是显而易见的。

5. 实验报告

实验报告除了实验目的、原理、步骤以外还应包括树脂配方及解答思考题。

6. 思考题

（1）酚醛树脂凝胶时间测定中取树脂溶液的量多量少是否影响测量准确性？为什么？

（2）酚醛树脂与环氧树脂在固化过程中有什么不同，为什么模压酚醛树脂模塑料（预浸料）时要中途放气 1～3 次？

第3章 复合材料专业综合实验

3.1 热塑性复合材料的制备及撕裂强度测定

1. 实验目的

（1）掌握软/硬质聚氯乙烯的混合、塑炼方法及压制成型方法。

（2）设计配方，认识各组分的作用。

（3）正确掌握双辊塑炼机的操作方法，了解设备的基本结构，学会使用高速混合机、模压机等设备。

（4）压制成型板材厚度应均匀一致，测试 PVC 的撕裂强度。

（5）分析配方和混合塑炼条件对产品性能的影响。

2. 实验原理

软质聚氯乙烯（SPVC）的混合与塑炼是一种制备 SPVC 半成品的方法，将 PVC 树脂与各种助剂根据产品性能要求混合后，经过混合塑化，便可得到一定厚度的薄片，用于切粒或给压延机供料。在实验室中，也可通过测定软片的性能分析配方和研究混合塑炼条件对产品性能的影响。

配方设计、混合、塑炼及压制的基本原理如下。

（1）配方设计。

配方设计是树脂成型过程的重要步骤，对于聚氯乙烯尤其重要，为了提高聚氯乙烯的成型性能、材料的稳定性和获得良好的制品性能并降低成本，必须在聚氯乙烯中配以各种助剂。

聚氯乙烯塑料配方通常含有以下组分。

①树脂。树脂的性能应满足各种加工成型和最终制品的性能要求，用于软质聚氯乙烯塑料的树脂通常为绝对黏度 1.8～2.0 mPa·s 的悬浮疏松型树脂。

②稳定剂。稳定剂的加入可防止聚氯乙烯树脂在高温加工过程中发生降解而使性能变坏，聚氯乙烯配方中所用稳定剂通常按化学组分分成四类：铅盐类、金属皂类、有机锡类和环氧脂类。

③润滑剂。润滑剂的主要作用是防止黏附金属，延迟聚氯乙烯的凝胶作用和降低熔体黏度，润滑剂可按其作用分为外润滑剂和内润滑剂两大类。

④填充剂。在聚氯乙烯塑料中加入填充剂，可达到降低产品成本和改进制品某些性能的目的，常用的填充剂有碳酸钙等。

⑤增塑剂。可增加树脂的可塑性、流动性，使制品具有柔软性。SPVC 中增塑剂为 40～70 份（PVC 为 100 份）。常用的增塑剂有邻苯二甲酸酯、己二酸和癸酸酯类及磷酸酯类。

此外，还可根据制品需要加入无机填料、颜料、阻燃剂及发泡剂等。聚氯乙烯配方中各组分的作用是相互关联的，不能孤立地选配，在选择组分时，应全面考虑各方面的因素，按照不同制品的性能要求、原材料来源、价格以及成型工艺进行设计。

（2）混合。

混合是使多相不均态的各组分转变为多相均态的混合料，常用的混合设备有 Z 型捏合机和高速混合器。

PVC 配方中加有大量的增塑剂，为保证混合料在捏合中分散均匀，必须考虑以下因素。

①PVC 与增塑剂的相互作用。树脂在增塑剂中发生体积膨胀（称之为"溶胀"），当树脂体积膨胀到分子间相对活动足够小时，树脂大分子和增塑剂小分子相互扩散，从而逐步溶解。影响溶胀完善、分散均匀的主要因素有混合温度、PVC 树脂的结构以及所用增塑剂与树脂的相容性。

②多种组分的加料顺序。为了保证混合料分散均匀，还必须注意加料顺序，应先将增塑剂和 PVC 树脂混合使相互溶胀完善，再将填充剂混入，以免增塑剂首先掺

入填充剂颗粒中。

此外，混合时间以及搅拌形式均影响混合料的均匀性。

（3）塑炼。

塑炼的目的是使物料在剪切作用下热熔，剪切混合达到期望的柔软度和可塑性，使各组分分散更趋均匀，并可驱逐物料中的挥发物。

塑炼的主要控制因素是塑炼温度、时间和剪切力。

塑炼常用设备为双辊塑炼机，在生产中也可通过密炼或挤出机完成塑化过程。

（4）压制。

压制是在一定温度、时间和压力下，将叠合的聚氯乙烯薄片加热到黏流温度，并施加压力，加压到一定时间后，在压力下进行冷却的过程。

压制法生产的聚氯乙烯硬板，是将聚氯乙烯树脂及各种助剂经过混合、塑化，压成薄片，在压机中经加热、加压，并在压力下冷却成型而制得的。用压制生产的硬板光洁度高、表面平整，厚度和规格可以根据需要选择和制备，是生产大型聚氯乙烯板材的一种常用方法。

压制过程的影响因素有压制温度、压力和压制时间等。

3. 实验仪器及药品

（1）聚氯乙烯（SPVC）复合材料混合料所用原料。

稳定剂有三盐基硫酸铅、二盐基亚磷酸铅、硬脂酸盐类；润滑剂有石蜡、硬脂酸酯等；增塑剂有邻苯二甲酸二辛酯（DOP）以及邻苯二甲酸二丁酯（DBP）；碳酸钙（或其他填料）、二氧化钛等。

（2）设备。

①B160×320 双辊炼胶机，它是由机座、辊筒、辊筒轴承、紧急刹车、调距装置及辅助设施等组成。加热方式为电加热；辊筒速比为 1∶1.35；辊距可调。

②高速混合器 BJ-10 型，容积为 10 L；转速为 750～2 500 r/ min。

③250 kN 平板硫化机，最大关闭压力为 250 kN；工作液最大压力为 15 MPa；柱塞最大行程为 150 mm；平板面积为 350 mm×350 mm。

4. 实验内容与步骤

（1）配料。

按照性能要求设计的配方称量树脂及各种助剂，实验配方见表 3.1。

表 3.1　软质 PVC 配方（质量分数）　　　　　　　　　　%

材料	PVC	硬脂酸	DOP	石蜡	稳定剂	碳酸钙
质量	100	0.5	50	1	4~6	0/3/6/9
实际用量	200	1	100	2	8	0/6/12/18

分别制备不同碳酸钙含量的 PVC 板材。

（2）混合。

①准备。将混合器清扫干净后关闭釜盖和出料阀，在出料口接上接料用塑料袋。

②调速。开机空转，在转动时将转速调至 1 500 r/min。

③加料及混合。将已称量好的聚氯乙烯树脂及辅料倒入混合器中，盖上釜盖，将时间继电器调至 8 min，按启动按钮。

④出料。到达所要求的混合时间后，马达停止转动，打开出料阀，点动按钮出料。

⑤清理。待大部分物料已排出后，静止 5 min，打开釜盖，将混合器内的余料全部扫入袋内。

（3）塑炼。

①准备。将双辊塑炼机开机空转，试验紧急刹车装置，经检查无异常现象即可开始实验。

②升温。打开升温系统，将前后两辊加热，使辊筒温度稳定在 165 ℃。

③塑炼。将辊距调至 0.5~1 mm 范围内，将混合料投入两辊缝隙中使其包辊，经过 5 min 的翻炼，将辊距调至压片厚度为 1 mm 左右即可出片。

塑炼得到的软片要求平整，厚度为 1 mm 左右，并且厚薄均匀，供测试撕裂强度用。

④压制。将 250 kN 的平板硫化机加热，控制上下板温度为（165±1）℃，调压。工作液压的大小可通过调节压力调节阀进行，调节热压压力在 3~5 MPa（表压）的

范围之内。将所用模具在压制温度预热 10 min。将烘箱中的料片预热后（100～120 ℃预热 10 min），取出置于模具框内，将模具置入主平板中央。开动压机加压，在工作压力下压制 10 min 使压力表指针指示到所需工作压力，经 2～7 次卸压放气后出模、冷却。

⑤取出制品，制样及测试撕裂强度。

5. 撕裂强度测试

撕裂强度测试参考 GB/T 529—2008《硫化橡胶或热塑性橡胶撕裂强度的测定（裤形、直角形和新月形试样）》。

（1）定义。

裤形撕裂强度是用平行于切口平面方向的外力作用于规定的裤形试样上，将试样撕裂所需的力除以试样厚度。

（2）实验原理。

用拉力试验机，对有割口或无割口的试样在规定的速度下进行连续拉伸，直至试样撕裂。将测定的力值按规定的计算方法求出撕裂强度。

不同类型的试样测得的实验结果之间没有可比性。

（3）裤形试样尺寸。

裤形撕裂强度试样尺寸规格，如图 3.1 所示。

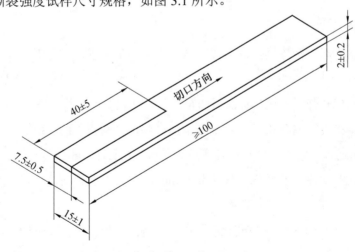

图 3.1　裤形撕裂强度试样尺寸规格

裤形试样按照图 3.2 所示夹入夹持器。

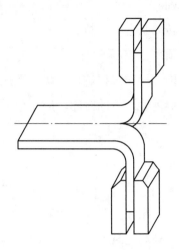

图 3.2　裤形撕裂强度测试示意图

（4）实验步骤。

①试样厚度的测定。试样厚度的测量应在其撕裂区域内进行，厚度测量不少于三点，取中位数。

②撕裂强度测定。裤形试样的拉伸速度为（100±10）mm/min。对试样进行拉伸，直至试样断裂。应自动记录整个撕裂过程的力值，分析曲线峰的数量（峰数小于 5，考虑全部峰值确定中位数；峰数大于等于 5，考虑完整曲线中部 80%范围内的峰值确定中位数），确定中位数，即为力值。

（5）实验结果计算。

撕裂强度为

$$T_{s} = \frac{F}{d}$$

式中　T_{s}——撕裂强度，kN/m；

　　　F——试样撕裂时所需的力，N；

　　　d——试样厚度，mm。

6. 注意事项

（1）配料时称量必须准确。

（2）高速混合器必须在转动状态下调整。

（3）两辊及压机温度必须严格控制。

（4）两辊的操作必须严格按操作规程进行，防止硬物落入辊间。

（5）压机和两辊的升温均需要一定的时间，应注意穿插进行。

7. 实验报告

实验报告应包括下列内容。

（1）材料牌号、生产厂家。

（2）实验设备型号、生产厂家和主要性能参数。

（3）实验工艺参数和板材外观记录表。

（4）实验操作步骤及工艺调节。

（5）实验现象记录及原因分析；对实验的改进意见。

（6）计算不同配方的 PVC 撕裂强度并附上原始数据图，解答思考题。

8. 思考题

（1）分析聚氯乙烯树脂配方中各个组分的作用。

（2）如果在配方中加入 5～10 份氯化聚乙烯，将会对硬聚氯乙烯的性能有什么影响？

（3）比较聚氯乙烯板的压制与酚醛等热固性塑料的压制的不同点。压制的工艺控制参数对 PVC 硬板的性能和外观有何影响。

（4）观察所压制硬板的表观质量，分析出现塌陷、气泡、开裂等现象的原因。

3.2　玻纤/环氧复合材料的制备及耐疲劳性能实验

1. 实验目的

（1）掌握玻纤/环氧复合材料的疲劳性能测试试样的制备方法。

（2）掌握玻纤/环氧复合材料的疲劳性能测试。

（3）了解玻纤/环氧复合材料的疲劳性能的影响因素。

2. 实验原理

试样疲劳破坏是指试样在交变周期载荷或应变下不能维持其所给定的应力水平或发生断裂破坏。在载荷范围、波形和频率能满足疲劳实验要求并经校准的轴向疲劳试验机中，测定连续纤维及其织物的单向、正交和多向对称铺层增强塑料层合板拉-拉疲劳、中值应力-寿命曲线（S-N_{50} 曲线）和条件疲劳极限（参见 GB/T 16779—2008《纤维增强塑料层合板拉-拉疲劳性能试验方法》）。

（1）拉-拉疲劳。

最大应力和最小应力均为拉伸应力时的疲劳称为拉-拉疲劳，其应力比 R 大于零，应力 S 与时间 t 的关系如图 3.3 所示。

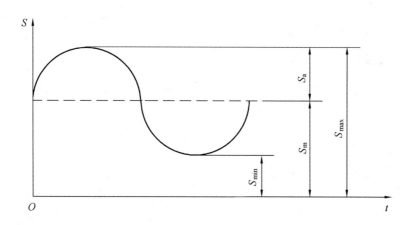

图 3.3　应力 S 与时间 t 的关系

S_{max}—最大应力；S_{min}—最小应力；S_m—平均应力，$S_m=(S_{max}+S_{min})/2$；

S_a—应力幅，$S_a=(S_{max}-S_{min})/2$；R—应力比，$R=S_{min}/S_{max}$

（2）中值疲劳寿命。

50%存活率的疲劳寿命 N_{50}，称为中值疲劳寿命。

（3）中值应力-寿命曲线（S-N_{50}曲线）。

以应力S为纵坐标，以疲劳寿命N（常取疲劳寿命N的对数）为横坐标绘制的曲线称为S-N曲线，以中值疲劳寿命N_{50}为横坐标绘制的曲线称为中值应力-寿命曲线。

（4）条件疲劳极限。

在某一应力水平下达到指定的循环次数时，材料不发生疲劳破坏的最大应力值称为条件疲劳极限。它与材料原始强度之比为剩余强度保留率。

3. 实验设备及耗材

（1）实验仪器设备。

万能制样机（切割机）、SDS50 电液伺服动静试验机（静载负荷示值误差在±1%范围内；动载负荷示值误差在±3%范围内）。

（2）实验耗材。

环氧树脂、胺类固化剂、玻璃纤维布、脱模布。

4. 实验试样

试样有直条形和哑铃形两种，其几何形状分别如图3.4和图3.5所示，几何尺寸见表3.2。单向层合板采用直条形试样，正交铺层及多向对称铺层层合板可采用直条形或哑铃形试样。试样加工时需保证试样的轴向与所要求的纤维方向一致，哑铃形试样加工时需保证两圆弧的对称性。

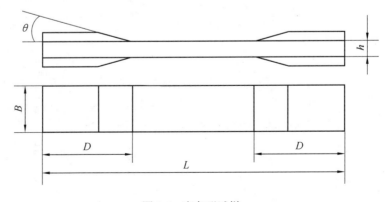

图 3.4　直条形试样

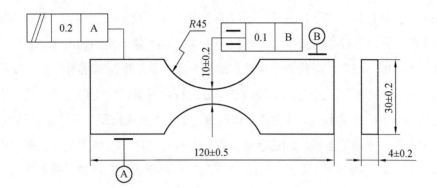

图 3.5　哑铃形试样

表 3.2　试样几何尺寸　　　　　　　　　　　　　　　　　　　　mm

试样铺层	L	B	h	D	θ
0°	200	10±0.5	1～2	50	15°
0°/90°	200	15±0.5	2～4	50	15°

5. 实验步骤

（1）采用手糊成型制备玻璃纤维布增强环氧树脂复合材料，纤维布铺层为 6～9 层。具体实验过程参见实验 2.9 玻璃钢的制备。

（2）按照标准试样图和尺寸，采用切割机制备直条形试样并粘贴复合材料加强片，或采用万能制样机制备哑铃形试样。

（3）检查试样外观并对试样编号。对于直条形试样，测量工作段内任 3 点的宽度和厚度；对于哑铃形试样，测量工作截面处的宽度和厚度。宽度取 3 次测量的最小值，厚度取其平均值。

（4）检查电源、各控制器间电缆连接是否完好、液压管路是否漏油；打开冷却风机；打开"液压站"电源开关。

（5）打开计算机电源；双击桌面上的"实验程序"快捷方式，进入控制程序；用鼠标单击"控制方式"下的"位移"键，再选择"保持"；先后按下液压站"启动"按钮。

（6）在位移控制方式下，进行静态拉/压控制实验及动态控制实验，检验设备工作是否正常。在位移控制方式下，通过拉/压控制，在不影响实验情况下，将位移实际值调整为"零"左右，即伺服作动器移动到中心"零"位，点击"保持"按钮。

（7）在位移方式下，根据实验要求选择好量程，对负荷、变形清零。此时上、下夹头均应处于松开状态（手动操作盒面板上，上、下夹头按钮上的指示灯灭），然后按横梁上升（下降）按钮，到达合适位置，即可将试样一端放入上夹头钳口内，深为 40～70 mm，按住"下降"按钮，"下降"按钮指示灯亮，横梁向下移动，使试样另一端进入下夹头钳口内，深约 40 mm，按下"上夹头""下夹头"按钮，使上、下夹头夹紧试样，此时上、下夹头指示灯亮。（注意：在装夹试样过程中，必须保证夹块在夹具体活塞的导向槽内，夹块侧面与夹具体侧面平齐，并使试样中心线与上、下夹头中心线一致。）

（8）在位移控制方式下，以 0.5 mm/min 或 1 mm/min 的速度拉/压，将负荷值调整为零左右，根据实验要求，切换到相应的控制方式；切换后如出现自激震荡现象，需通过调整相应控制方式下 PID 参数，减小"P"值，即可消除震荡。

（9）拉-拉疲劳测试前，先测定试样静拉伸强度或应力-应变曲线。进行静态实验，选择合适的实验速度（如 1 mm/min），选择"拉"或"压"进行静态实验，记录破坏载荷，计算静拉伸强度。

（10）确定平均应力和应力幅，第一次实验时所取最大应力值应为静拉伸强度的 50%左右。进行动态实验，打开"实验波形"菜单下的"函数发生器"页面，设置频率、幅值、均值等实验参数，双击"执行"按钮进行实验；注意在进行实验前应点击"开始画线"，进行数据及曲线的存储和画线。

（11）实验采用载荷控制。实验波形一般为正弦波，工作频率推荐 15 Hz，使用高频疲劳试验机时工作频率不大于 60 Hz。测定 S-N_{50} 曲线时，至少应选 4 个应力水平（50%～90%），每个应力水平的有效试样数应不少于 5 根。

（12）设置极限保护。此时打开菜单下的"极限设置"页面，设置极限保护范围。正确输入好相应值后按下"执行"按钮，最后按下"确定"按钮。

（13）疲劳实验结束，停止实验。鼠标单击计算机桌面"面板"下的"结束"按钮；停止动态实验，在不改变控制方式情况下，通过较小的拉压速度，将负荷实时值调整为"零"左右后，双击"控制方式"下的"位移"，将控制方式切换为位移控制方式，再通过较小的拉压速度，将负荷实时值调整为 0～-1 kN（因为试样受到拉力时，夹块与夹具体斜面易卡死，不易松开），松开上下夹头，取下试样。

（14）按下液压站停止按钮；退出软件控制程序；关闭液压站电源；关闭计算机电源；关闭风机；关闭总电源。

（15）给出每个应力水平下的中值寿命（通常取对数寿命）。绘制 S-N_{50} 曲线。由 S-N_{50} 曲线获得条件疲劳极限。

6. 实验报告或实验记录的内容

静拉伸强度；每级应力水平；最大应力和最小应力；有效试样根数；疲劳失效判据；最终循环次数；条件疲劳极限和 S-N_{50} 曲线；实际实验频率及其变化；试样表面温度变化；试样破坏特征。

7. 注意事项

（1）夹持试样时注意安全，并保证试样中心线与上、下夹头中心线一致。

（2）注意液压源的温度，防止高压液体温度过高导致仪器损坏。

（3）实验过程中应随时检查设备状态，观察试样的变化，记录异常现象。

（4）实验完成后，应保护好试样断口。

8. 思考题

（1）复合材料的拉-拉疲劳性能与哪些因素有关？

（2）复合材料疲劳性能测试的意义是什么？

（3）分析从哪些方面可以提高玻纤/环氧复合材料的疲劳性能？

3.3 航空复合材料修补实验

1. 实验目的

（1）掌握复合材料的修补原理，学会使用热补仪，并操作实践。

（2）掌握复合材料加热加压修补技术及特点。

2. 实验原理

对复合材料损伤部位进行表面清理和物理化学处理。树脂浸入纤维后，刮压均匀，逐层粘贴在复合材料损伤部位上。为了让贴层固化，并牢牢粘贴在复合材料上，需要加热和加压两个操作同时进行。加热采用热补仪提供的加热毯进行，加压通过热补仪内置的真空泵进行抽真空加负压。

3. 实验仪器设备及耗材

（1）实验仪器设备：ACR-3-S 热补仪（含加热毯、热电偶）。

（2）实验耗材：环氧树脂、聚酰胺树脂（固化剂）、丙酮、表面处理剂、纤维布、带孔脱模布、吸胶层、带孔隔离膜、透气毡、隔热毯、真空袋、密封胶带。

4. 实验步骤

（1）复合材料损伤部位处理。

对复合材料损伤部位进行表面清理，除去破裂的纤维和树脂；采用砂纸对复合材料损伤部位进行打磨，并清理干净；采用少量表面处理剂对其表面进行化学处理，然后在通风橱中晾干。

（2）剪裁纤维布。

根据复合材料损伤部位的大小及准备粘贴纤维布的层数，剪切一块适合大小的纤维布放在脱模布上。脱模布的尺寸比纤维布大。

（3）配制树脂固化体系。

用电子秤称取等质量的环氧树脂和聚酰胺树脂，加入适量的丙酮稀释，搅拌混合均匀。

（4）纤维布浸胶。

将树脂胶均匀洒落在纤维布上，并用刮板涂匀。将脱模布对折后，纤维布被包裹在脱模布里，用平滑无毛刺的干净刮板均匀刮压，直到树脂均匀地浸入纤维，并排除多余的树脂。

（5）浸胶纤维布的剪裁。

①根据复合材料损伤部位的尺寸，用记号笔在刮好的浸胶纤维布上画出损伤部位的形状，贴几层画几块，一般上层的尺寸要比下层稍大，并在每块浸胶纤维布上标上是第几层。

②根据画出的笔迹，使用剪刀将浸胶纤维布剪裁成块。

（6）复合材料贴纤维布层。

①将剪好的纤维布的一面脱模布拨开一角，慢慢均匀地贴在复合材料上。

②贴好后，将另一面的脱模布拨开，慢慢揭下，接着进行第二层的粘贴工作，直到所有层都粘贴完毕。

（7）真空袋的密封。

①根据复合材料固化件的尺寸，选择合适大小的加热毯。

②剪裁合适大小的真空袋、透气毡、带孔隔离膜、吸胶层、带孔脱模布等。

③准备热电偶。

④按铺层要求，逐层放好。主要层次从最内层往外依次是复合材料板、纤维贴层、带孔脱模布、吸胶层、带孔隔离膜、热电偶、加热毯、透气毡、真空管压块、真空袋。

⑤用密封胶条沿着四周将真空袋密封，注意热电偶线和加热毯电源线等容易漏气的位置。将真空管压头压入真空管压块中。

（8）线路连接。

将真空管、热电偶、加热毯电源线依次连到热补仪上的正确位置，打开计算机。

（9）抽真空（在加热前要先抽真空施加压力）。

①启动真空泵，注意检查是否有漏气的地方。

②调节热补仪上的真空调节旋钮，查看热补仪上显示的真空度，在真空度参数

达到工艺要求时，可进行加热固化。

（10）编写和运行固化程序。

①根据树脂的固化工艺要求逐步输入参数：升温速率、升温温度、保温时间、降温速率、降温温度。

②启动预先编写好的程序，点"run"运行程序，开始加热过程，进行固化。

在固化程序结束后，拆开真空袋，取出固化件，查看固化结果。

5. 注意事项

（1）如果真空度达不到设定值，检查是否漏气，可以根据声音判断漏气位置，并做调整。

（2）特别检查各连接交界处容易漏气的位置，如热电偶线、加热毯电源线、真空管接头等。

（3）最高加热温度设定小于 300 ℃或小于仪器最高设定温度。

6. 思考题

（1）复合材料热压修补实验中真空度如何确定？

（2）复合材料热压修补实验中如何确定制品的树脂固化程度？

（3）复合材料热压修补对预浸料有什么要求？

3.4 树脂复合材料增韧配方设计及性能测定

1. 实验要求

（1）本实验项目为设计性实验，以性能要求—设计材料配方—设计加工工艺—性能检测—结果分析讨论为主线。要求学生在查阅文献的基础上，提出实验方案。

（2）进行性能测试，分析配方和制备条件对性能的影响。

2. 实验论证与答辩

（1）通过查阅文献资料，了解国内外不饱和树脂增韧研究进展。

（2）预习实验报告要求。

①论述不饱和树脂增韧的意义、研究进展与经济效益。

②实施该项目的实验方案、具体步骤、性能检测手段。

3. 实验参考

不饱和聚酯（UPR）是由不饱和二元酸、二元醇或者饱和二元酸与不饱和二元醇经缩聚反应而生成，由于 UPR 分子链中含有不饱和双键，因此可以和含有双键的单体（如苯乙烯、甲基丙烯酸甲酯等）发生共聚反应生成三维立体结构，形成不溶、不熔的热固性塑料。

不饱和聚酯原料易得且价格低廉，其复合材料被广泛用于船舶、汽车、建材等行业。但 UPR 的固化物一般存在韧性差、强度不高、容易开裂、收缩率大等缺点，从而限制了其应用范围。为了扩大 UPR 应用范围，特别是为了满足一些特殊领域的要求，需要对 UPR 进行改性，以提高 UPR 性能（如力学性能、收缩性能、阻燃性能等）。

由于不饱和聚酯树脂（UPR）固化后脆性大、冲击强度低，目前 UPR 的常用增韧改性方法概括为：在不饱和聚酯的合成过程中引入长链醇或长链酸，如聚乙二醇、一缩二乙二醇、己二酸、一缩二乙二酸等；加入热塑性弹性体，如液体橡胶、液体聚氨酯等，一般需要对液体橡胶用活性单体接枝、端基改性来增加其极性，以改善两相间的相容性；加入一种可以交联的预聚物或聚合物与 UP 形成互穿网络结构。

无机纳米粒子比常规微米级粒子具有更独特的表面效应、体积效应、量子效应及宏观量子隧道效应，能与高聚物以物理吸附、化学键等方式相结合，对高聚物改性表现出增韧和增强的协同效应。但纳米粒子具有很高的表面能和表面活性，在聚合物基体中很难达到纳米级的均匀分散。为提高无机纳米粒子在高聚物基体中的分散态，改善纳米粒子与高聚物的结构差别，增强纳米无机粒子与 UPR 结合界面的作用力，更好发挥纳米粒子的特性，常对无机纳米粒子进行表面改性，通过减弱纳米粒子表面的极性，使其由亲水变为疏水，降低表面能，达到与高聚物充分相容和均匀分散。纳米粒子的表面改性一般是使用表面活性剂与纳米粒子表面发生物理和化学作用，产生新的物理、化学特性以满足改性的要求。常用的表面改性方法：①机械化学改性；②表面覆盖改性；③外覆膜层改性；④表面接枝法。

纳米材料的分散性能是其应用技术的核心和关键，是充分体现纳米粒子材料尺寸效应和改性效果的基础。纳米粒子界面存在很大的自由能，粒子极易自发团聚，均匀分散困难，因此须通过物理机械分散和化学预分散的方式打开纳米粒子团聚体，以消除界面能差，增强其在不饱和聚酯基体中分散后的稳定性和界面结合强度，提高复合体系的韧性。常采用球磨技术分散、超声分散、高速分散、直接共混法、溶胶-凝胶法、原位分散聚合及多次压延等方式分散纳米粒子。

4. 结果与讨论

（1）分析不饱和树脂改性配方中各个组分的作用。

（2）改性工艺、添加改性剂对性能的影响，如果改性失败，分析失败的原因。

（3）观察试样气泡、开裂、团聚等并分析原因。

5. 实验报告

（1）简述实验目的、原理。

（2）详细记录实验原材料与实验方案、实验步骤。

（3）根据增韧改性机理，讨论实验所得制品的性能结果，并对改性成功或失败进行分析。

（4）对整个实验过程中的操作满意度做出自身评价。

6. 思考题

（1）不饱和聚酯树脂的特点有哪些？

（2）用纳米粒子增韧为什么要对纳米粒子进行表面处理？

（3）对不饱和树脂进行增韧改性的方法有哪些？

3.5　橡胶复合材料的混炼、模压和硫化实验

1. 实验目的

在确定的配方下，通过不同品种促进剂的橡胶复合材料配方，比较常用促进剂M、NOBS、D、TMTD 的橡胶复合材料混炼模压特性及其对硫化性能的影响。

2. 实验原理

在橡胶的硫化体系中，促进剂可起到提高硫化速度、降低硫化温度、减少硫黄用量、改善硫化胶物理机械性能的作用。但不同化学结构的促进剂，因作用机理不同，其硫化特性和硫化胶性能差别很大。本实验就不同促进剂在天然橡胶配方中，以不同用量和不同硫化温度下的硫化胶性能做对比，以反映不同促进剂的硫化活性、硫化速度、平坦性能、硫化胶的交联程度及其对性能的影响，以及同一促进剂在不同硫化温度下对胶料硫化速度和硫化胶性能的影响。

3. 实验仪器、实验设备及材料

仪器与设备：台秤、工业天平、Φ160×320 开炼机、400×400 平板硫化机、硫化试片模具、冲片机、硬度计、厚度计、强力试验机、秒表。

实验用材料：天然橡胶、硫黄、氧化锌、硬脂酸，促进剂 M、NOBS、D、TMTD 等。

4. 实验配方及混炼、硫化工艺条件

（1）实验配方。

实验配方见表 3.3。

表 3.3　实验配方

配方编号	1		2		3		4	
配方	配合量/份	实际用量/g	配合量/份	实际用量/g	配合量/份	实际用量/g	配合量/份	实际用量/g
NR	100.0	300.0	100.0	300.0	100.0	300.0	100.0	500.0
硫黄	3.00	9.00	3.00	9.00	3.00	9.00	3.00	15.00
氧化锌	5.00	15.00	5.00	15.00	5.00	15.00	5.00	25.00
硬脂酸	0.50	1.50	0.50	1.50	0.50	1.50	0.50	2.50
促进剂 M	1.00	3.00	—	—	—	—	—	—
促进剂 NOBS	—	—	0.60	1.80	—	—	—	—
促进剂 D	—	—	—	—	1.00	3.00	—	—
促进剂 TMTD	—	—	—	—	—	—	0.60	3.00
合计	109.50	328.50	109.10	327.30	109.50	328.50	109.10	545.50

（2）混炼工艺条件。

设备规格：Φ160×320 开炼机。

辊温：前辊 55～60 ℃，后辊 50～55 ℃。

辊距：（1.4±0.2）mm（1、2、3 号配方），1.7±0.2 mm（4 号配方）。

挡板距离：250～270 mm。

加料顺序：生胶包辊→硬脂酸→氧化锌、促进剂→硫黄→割刀 4 次，打三角包 1 个→下片。

（3）试片硫化工艺条件。

设备规格：400×400 平板硫化机。

硫化压力：2.0～2.5 MPa。

硫化温度和时间见表 3.4。

表 3.4　硫化温度和时间

配方编号	1	2	3	4	
硫化温度/℃	143±1	143±1	143±1	143±1	121±1
硫化时间/min	10、20、30、40、50	10、20、30、40、50	20、30、40、50、60	5、10、15、20、40	10、20、30、40、50

5. 实验步骤及要求

（1）配料。

配料操作前，根据配方中的原料名称、规格备料，认真核对标签，检查各药品的外观色泽有无差异。然后进行称量。称量时要根据配方中生胶和各种配合剂质量的大小选用不同精度的天平或台秤，使称量精确到 0.5%，并要求注意清洁，防止混入其他杂质。配料完毕后，必须按配方进行核对，并进行质量的抽检，以确保配合的精确、无误。

（2）混炼。

将炼胶机的前后辊筒加热至规格温度，并待稳定后方可开始炼胶。在混炼全过程中也应注意温度的调节与测量，使之保持在规定的温度范围内。

混炼时，先将生胶于 0.5～1 mm 辊距下破碎。然后按规定调节辊距和挡板距离，使胶料包于前辊上，直至生胶表面平整光滑和积胶量很少时，即可按加药顺序加入配合剂进行混炼。在加配合剂的过程中不宜割刀。待配合剂吃净后，按规定次数割刀捣炼、打三角包。最后放厚下片（下片厚度（2.4±0.2）mm）。

在放厚下片前，胶料应进行称量，最大损耗应小于总质量的 0.3%，否则应予报废，重新进行配炼。

（3）硫化试片。

①试片的准备。混炼结束后，下片胶料在 20～30 ℃下放置不少于 2 h 后，检查其厚度是否符合要求。如下片胶料厚度不符合规定要求时，则应按混炼时的辊温进行返炼重新下片。厚度符合要求的下片胶料最好用裁片样板在胶料上按胶料的压延方向画好裁料线痕，然后用剪刀裁片。裁下的胶片用天平称量，其质量应与按胶料密度和稍大于模具容积的数值而得出的计算质量相近，以避免硫化后缺胶。最后按压延方向在剪下的胶片边角处粘贴记有编号和硫化条件的标签，并摆放整齐。剩余的胶料应放回存放处以备核查。

②试片的硫化。硫化前先检查胶片的编号及硫化条件，并将冷模具在规定的硫化温度下预热 30 min。硫化时应将胶片置于模腔中央，合模后再将试片模具放入硫化平板中央，然后按预定的硫化压力和硫化时间进行硫化。试片的硫化时间是指自平板压力升至规定值时起至平板降压时止的一段时间范围。硫化过程中，操作要迅速一致，硫化时间要准确，并随时注意平板温度（或蒸汽压力）的变化与调节。

（4）性能实验。

硫化好的试片在室温下冷却存放 6 h 后，根据国家标准进行硬度、拉伸强度、定伸应力、扯断伸长率及 3 min 永久变形等各项实验。实验时应注意操作要点，认真做好记录，对各项实验的计算核对，确保无误。

6. 实验数据处理

根据各配方的性能实验结果，绘制每种促进剂胶料的硫化曲线，确定每个胶料的正硫化时间。

以硫化时间为横坐标，测得的各项性能为纵坐标，便可作出每个胶料的硫化曲线。在绘制硫化曲线时要注意以下两点。

（1）选择纵坐标的比例适宜，一般可采用定伸应力和拉伸强度用 1 cm 长度表示 2 MPa，扯断伸长率用 1 cm 表示 100%，永久变形用 1 cm 表示 10%。

（2）作曲线时按实验结果先在图中标出各点，画出一平滑的曲线，使曲线通过或接近最多的点。

根据对硫化曲线的分析，可很容易地确定出胶料的正硫化时间。一般，当胶料的定伸应力、硬度、扯断伸长率和永久变形的各个曲线急剧转折，而拉伸强度达到最大值或比最大值略低一些时对应的时间则可视为正硫化时间。

找出正硫化时间后，整理各个胶料在正硫化条件下的各项性能。

7. 实验报告内容

（1）实验报告名称。

（2）实验日期。

（3）实验室温度。

（4）实验编号、硫化温度、正硫化时间及在正硫化条件下的各项性能。

（5）实验分析。

①比较在相同温度下不同促进剂胶料的硫化速度和在正硫化条件下的各项性能，比较促进剂 TMTD 胶料在不同硫化温度下的硫化速度和在正硫化条件下的各项性能。

②对实验结果进行理论分析。

③对可能出现的异常实验数据提出个人分析意见。

3.6　航空复合材料 RTM 成型实验

1. 实验目的

（1）掌握纤维布的剪裁、铺设、定型。

（2）掌握 RTM 成型用树脂体系的选择原则。

（3）掌握复合材料中温 RTM 注射成型工艺的基本过程与技术要点。

（4）学会使用中温 RTM 注射成型机，并操作实践。

2. 实验原理

RTM 成型工艺是指在模具的型腔里预先放置增强材料，合模夹紧后，从适当位置设置的注入孔在一定温度及压力下将配好的树脂注入模具中，使之与增强材料一起固化，最后开模、脱模得到复合材料成型制品。

RTM 成型工艺流程主要包括：模具清理、涂脱模蜡、（胶衣涂布、胶衣固化）、纤维及嵌件等安装、合模夹紧、树脂配制、树脂注入、树脂固化、开模、脱模、后加工。

3. 实验仪器设备及耗材

（1）实验仪器设备：中温 RTM 注射成型机。

（2）实验耗材：环氧树脂、固化剂、纤维布（玻璃纤维布或碳纤维布）、稀释剂（丙酮）、脱模蜡（硅脂）。

4. 实验步骤

（1）模具准备。

清理模具，并打圈涂覆脱模蜡。

（2）纤维布的剪裁、铺设。

①纤维布进行预处理：在 80 ℃的温度下，热处理 24 h。

②纤维布的剪裁：根据制品或模具的尺寸，剪裁合适的纤维布。

③纤维布的铺设：涂完脱膜蜡后，等待 10 min 左右（如模具初次使用，需打圈涂脱膜蜡三遍以上），把剪裁好的纤维布逐层放入模腔中，注意纤维布要铺设平整，并且每铺完一层后要将其压紧。

（3）合模夹紧。

模具四周贴上密封胶条，开始合模，然后用模具螺栓紧固模具，从而起到密封作用。检查装置气密性（观察密封胶条与模具间是否有气孔）。

（4）启动前准备。

①熟悉设备各部分名称及用法：控制面板，电路接线，气路接线，枪口阀门。

②准备好废料桶（容积至少 15 L），并准备好至少 10 kg 清洗剂。

（5）初次启动。

①检查并确保电路、气路连接正确。

②向清洗剂清洗罐中注入约 2/3 桶的清洗剂（如丙酮，工业用丙酮即可，无须使用分析纯等纯度高的丙酮）。

③将注射枪头阀门打开并将管路出口置于废料桶中，打开树脂罐出液口阀门，用大力钳夹紧吸料管，逆时针旋转工作压力和清洗压力调节阀至关闭，将气体/液体三通阀置于气体位置。

④打开空压机，并将压缩空气连接至设备，打开气源开关。

⑤调节清洗压力调节阀至 0.3～0.4 MPa，可以观察到出口有压缩气体喷出。

⑥旋转气体/液体三通阀至液体位置，当观察到出口有清洗剂喷出后约 3 s 后旋转气体/液体三通阀至气体位置。

⑦当观察到出口喷出物无清洗剂后约 10 s 后再次旋转气体/液体三通阀至液体位置，当观察到出口有清洗剂喷出约 3 s 后旋转气体/液体三通阀至气体位置。

⑧以上重复 3 次后旋转气体/液体三通阀至气体位置，并旋转清洗压力调节阀至关闭。

⑨打开树脂罐上盖，用棉布擦洗干净树脂罐内残留的清洗剂。

⑩合上树脂罐上盖，旋转清洗压力调节阀至 0.3～0.4 MPa，用压缩空气将树脂罐和管路中残留的清洗剂和清洗剂蒸汽吹干净后旋转清洗压力调节阀至关闭。

（6）树脂准备。

①检查并确保电路、气路连接正确。

②选择合适的树脂基体，确认树脂使用温度以及在使用温度下的凝胶时间、树脂用量（应适当增加余量），配制树脂胶液。

③打开树脂罐出液口阀门和枪头阀门。

④根据树脂使用温度决定是否开启加热系统，如需加热，请根据加热温度设定"时间设定"值（此时间为烘箱满功率加热时间，可以有效减少加热时间和温度过冲。以初始温度为 25 ℃为例，如需加热到 70 ℃，可以设定为 15～20 min；如需加

热到 60 ℃,可以设定为 10～15 min;如需加热到 50 ℃以下,可以设定为 5～10 min。具体时间可能会受环境因素影响)。

⑤打开电源、鼓风、加热、时控、报警并设定加热温度,开始加热。

⑥加热树脂使黏度降低至合适（一般低于 0.6 Pa·s）,当树脂罐已稳定至目标温度时,关闭树脂罐出液口阀门和枪头阀门,打开真空泵开始抽真空,当真空压力到达设定值时打开吸料管开始往树脂罐中抽料,当够用的树脂（小于 10 L）全部抽入树脂罐后关闭吸料管。

⑦当树脂罐温度再次稳定在目标温度后（树脂的加入会导致温度变化）,关闭真空泵和连接管路阀门开始准备注射。

（7）注射。

①空压机一直打开情况下,旋转工作压力调节阀至约 0.15 MPa,将管路出口置于废料桶中,打开树脂罐出液口阀门,缓慢打开枪头阀门至树脂均匀流出后关闭枪头阀门。

②将枪头管路安装于模具上,调节工作压力至设定值,打开枪头阀门即开始注射。直到树脂注满整个模腔,关闭枪头阀门,用工具堵住出气孔防止树脂溢出。

（8）排出废料。

①当设备中仍有树脂剩余,并且在凝胶时间到来前已无其他用处时,关闭枪头阀门并从模具上卸下枪头管路,将管路出口置于废料桶中。

②打开枪头阀门将设备中的树脂全部排出。

（9）清洗。

①如果设备温度高于清洗剂最高使用温度,先将烘箱、树脂罐的温度降低至低于清洗剂最高使用温度。

②确保清洗罐中有约 2/3 桶的清洗剂。

③将注射枪头阀门打开并将管路出口置于废料桶中,打开树脂罐出液口阀门,用大力钳夹紧吸料管,逆时针旋转工作压力和清洗压力调节阀至关闭,将气体/液体三通阀置于气体位置。

④调节清洗压力调节阀至 0.3～0.4 MPa,可以观察到出口有压缩气体喷出。

⑤旋转气体/液体三通阀至液体位置，当观察到出口有清洗剂喷出后约 3 s 后旋转气体/液体三通阀至气体位置。

⑥当观察到出口喷出物无清洗剂后约 10 s 后再次旋转气体/液体三通阀至液体位置，当观察到出口有清洗剂喷出后约 3 s 后旋转气体/液体三通阀至气体位置。

⑦以上重复 3 次后旋转气体/液体三通阀至气体位置，并旋转清洗压力调节阀至关闭。

⑧打开树脂罐上盖，用棉布擦洗干净树脂罐内残留的清洗剂。

⑨合上树脂罐上盖，旋转清洗压力调节阀至 0.3～0.4 MPa，用压缩空气将树脂罐和管路中残留的清洗剂和清洗剂蒸汽吹干净后旋转清洗压力调节阀至关闭。

（10）固化、脱模、后加工、制品质量评价。

（11）停机维护。

①当设备停用时间超过两星期时，完成清洗动作后关闭各部分加热。

②关闭树脂罐出液口阀门和枪头阀门，打开真空泵开始抽真空，当真空压力到达设定值时打开吸料管开始往树脂罐中抽取邻苯二甲酸二辛酯（DOP）约 4 kg 后关闭吸料管。

③关闭真空泵和连接管路阀门，旋转工作压力调节阀至约 0.15 MPa，将管路出口置于废料桶中，打开树脂罐出液口阀门，缓慢打开枪头阀门至 DOP 均匀流出后关闭枪头阀门。

④将气体/液体三通阀置于气体位置，关闭气源，关闭每个阀门，打开树脂罐出液口阀门，并将枪头置于挂钩上。

⑤关闭电源，并确保关闭空压机和真空泵电源。

⑥短期停机维护同①、④、⑤。

5. 注意事项

（1）当使用挥发性的溶剂清洗设备时，需要确认设备温度低于溶剂最高使用温度，以防止爆炸发生。当设备温度较高时，应先对设备进行降温。

（2）使用树脂前应确认掌握树脂的固化（黏度）特征曲线，确保在树脂凝胶前能将设备中的树脂全部排出，并为清洗预留足够的时间。

（3）树脂和溶剂加入时应确保设备温度已稳定在合适的范围内，抽真空和加料同时进行时，应确保料液不会吸入真空泵，尤其是清洗剂等易挥发液体。

（4）树脂罐有效容积为 10 L，导入树脂时请注意用量，防止溢出。

（5）设备枪口流出的液体可能为高压、高温液体，请务必注意枪口不能对准人体，以免造成伤害；当高温使用时还必须注意防止直接接触高温部分，如需接触，请务必做好防护措施，以免造成烫伤。

6. 思考题

（1）RTM 成型工艺的优点是什么？

（2）采用 RTM 成型工艺制备复合材料时，为什么要先确定树脂的固化特性或凝胶时间？

3.7　航空复合材料热压罐成型实验

1. 实验目的

（1）掌握航空复合材料热压罐成型工艺的基本过程与技术要点。

（2）学会使用热压罐成型机，并操作实践。

（3）通过预浸料的制作，掌握拟定热压罐成型工艺条件的方法。

2. 实验原理

聚合物基复合材料热压罐成型是利用真空袋和热压罐实现加热、加压成型复合材料制品的方法。热固性高聚物基体受热后，经软化流动阶段，转变成凝胶态和玻璃态（完全固化）。抽真空和在凝胶转变之前的某一时刻施加压力，可将预浸料中的空气、挥发物和多余的基体排除，使制品密实。

热压罐成型制品时，将单层的预浸料按预定方向逐层铺覆到涂覆有脱模剂的模具表面，再依次用带孔防粘布（膜）、吸胶材料、透气毡覆盖，然后密封于真空袋内。将整个密封装置接上抽气管，用真空泵抽真空，然后推入热压罐内，按规定的固化制度进行升温、加压固化。真空袋的作用是在热压罐固化过程中加速坯料中陷入的空气或其他挥发物的逸出。由于袋内抽真空，所以能排除空气及物料内的挥发物。

因此，热压罐成型工艺又称真空袋-热压罐成型工艺。它是生产航空、航天用纤维增强热固性复合材料高强度构件的主要方法。如对于需进行二次胶接的制件，也可用热压罐法。

基本工艺过程是：将预浸料按尺寸裁剪、铺叠，然后将预浸料层和其他工艺辅助材料组合在一起，构成一个真空袋组合系统，置于热压罐中在一定压力（包括真空袋内的真空负压和袋外正压）和温度下固化，制成各种形状的制件。其工艺流程：预浸料下料、铺叠（超净环境）→封装（独立密封系统）→抽真空→加热加压（工艺参数）→固化。

热压罐成型的优点是仅用一个阴模或阳模，就可得到形状复杂、尺寸较大、高质量的制件；但设备投资大、生产效率较低、成本较高。热压罐成型技术主要在航空、航天等工业领域应用。主要产品包括直升机旋翼、飞机机身、机翼、垂直尾翼、方向舵、升降副翼、卫星壳体、导弹头锥和壳体等。

3. 实验仪器设备及耗材

（1）实验仪器设备。

热压罐系统，主要由罐体、真空泵、空压机、储气罐、控制柜等设备组成。典型热压罐的基本结构如图 3.6 所示。

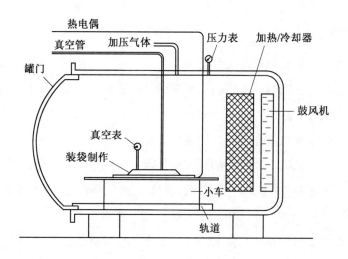

图 3.6　典型热压罐的基本结构

热压罐内腔要足够大，能按需要控温和升温，能承受足够压力，并附有自动记录温度和压力的系统。抽真空系统在制件固化前后，给袋内提供适当的真空度。

热压罐成型用模具要根据制件形状而定。外表面要求光滑的制件常用阴模；反之，则用阳模。模具材料根据制件的数量、纤维增强复合材料制件的树脂类型、固化温度和表面粗糙度要求等，可选用钢、铝或纤维增强复合等材料。选用模具材料时，还要考虑其线膨胀性能。

（2）实验耗材。

环氧树脂、聚酰胺树脂（固化剂）、纤维布、带孔脱模布、吸胶层、带孔隔离膜、透气毡、真空袋。

4. 实验步骤

（1）模具准备。

模具用软质材料轻轻擦拭干净；检查是否漏气；在模具上均匀涂布脱模剂。

（2）裁剪和铺叠。

按样板裁剪带有保护膜的预浸料（剪切时必须注意纤维方向）；然后将裁剪好的预浸料揭去保护膜，按规定次序和方向依次铺叠（每铺一层要用橡胶辊等工具将预浸料压实，赶除空气）。

（3）组合和装袋。

在模具上将预浸料坯料和各种辅助材料组合并装袋，应检查真空袋和周边密封是否良好。

真空封装材料铺叠顺序如图 3.7 所示（构成隔离、透胶、吸胶、透气系统）。

（4）热压固化。

将真空袋系统组合到热压罐中，连接好真空管路，先抽真空，达到一定的真空度后关闭热压罐，然后按确定的工艺条件加热和加压固化。

典型的固化过程：加热→预浸料熔融→黏流态→固化→高弹态→玻璃态。

控制系统：控制热压罐成型工艺过程。

加压作用：压实预浸料，制备结构均匀、致密复合材料。

加压时机：黏流态与高弹态区间，加压太早，树脂流失过多；加压太迟，树脂已进入高弹态，树脂结构不致密。

真空度：排除夹杂空气和挥发物。

固化温度和时间：取决于树脂体系、制件厚度及升温速率。

固化压力：保证排除过剩树脂，使制件密实，注意加压时机。

典型的固化工艺曲线如图 3.8 所示。

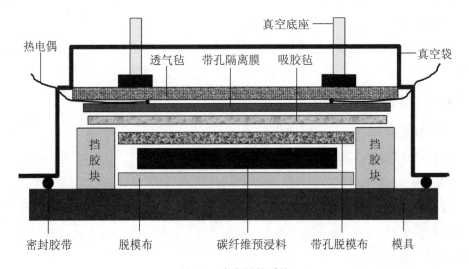

图 3.7　真空封装系统

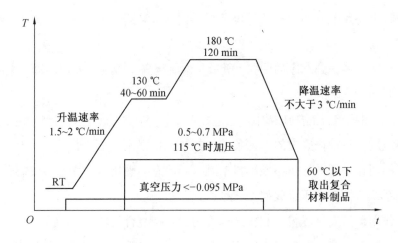

图 3.8　碳纤维增强环氧树脂复合材料的典型热压罐固化工艺曲线

（5）出罐脱模。

固化完成后，待冷却到室温后，将真空袋系统移出热压罐，去除各种辅助材料，取出制件进行修整。

5. 思考题

（1）复合材料热压罐成型实验中如何确定温度、压力、时间这三个参数？

（2）复合材料热压罐成型的优缺点是什么？

（3）热压罐成型复合材料会产生哪些缺陷，如何控制？

3.8　聚丙烯复合材料的成型及热性能测定

3.8.1　聚丙烯复合材料的注射成型

1. 实验目的

（1）熟悉玻璃纤维或无机填料增强聚丙烯（PP）注射成型工艺。

（2）掌握注塑成型工艺参数的确定以及它们对制品结构形态的影响。

（3）掌握注塑机的结构，正确操作注塑机。

（4）熟悉注塑成型产品的性能测试。

2. 实验原理

聚丙烯是热塑性塑料，热塑性塑料具有受热软化和在外力作用下流动的特点，当冷却后又能转变为固态，而塑料的原有性能不发生本质变化，注塑成型正是利用塑料的这一特性。注塑成型是热塑性塑料成型制品的一种重要方法，塑料在注塑机料筒中经外部加热及螺杆对物料和物料之间的摩擦使塑料熔化呈流动状后，在螺杆的高压作用下，塑料熔体通过喷嘴注入温度较低的封闭模具型腔中，经冷却定型成为所需制品。

3. 实验仪器及药品

药品：聚丙烯、碳酸钙或无碱连续纤维、无机颜料等。

主要仪器：注塑机。

4. 实验内容

采用注塑成型，可以成型各种不同塑料，得到质量、尺寸、形状大小不同的各种各样的塑料制品。注塑成型的工艺过程按先后顺序包括成型前的准备、注塑过程、制品的后处理等。注塑前的准备工作主要有原料的检验、计量、着色、料筒的清洗等。注塑过程主要包括各种工艺条件的确定和调整，塑料熔体的充模和冷却过程。注塑成型工艺条件包括注塑成型温度、注射压力、注射速度和与之有关的时间等。这些条件的设置会直接影响塑料熔体的流动行为，塑料的塑化状态和分解行为，会影响塑料制品的外观和性能。

工艺条件及其对成型的影响主要有以下几点。

（1）温度。

注塑成型要控制的温度有料筒温度、喷嘴温度和模具温度。前两种温度主要影响塑料的塑化性能和流动性能，而后一种温度主要影响塑料熔体在模腔的流动和冷却。注塑机的料筒由 3 个温度控制仪表分段对料筒加以控制。料筒温度的调节应保证塑料熔化良好，能够顺利地进行充模而不引起塑料熔体的分解。料筒温度的配置，一般靠近料斗一端的温度偏低（便于螺杆加料输送），从后端到喷嘴方向温度逐渐升高，使物料在料筒中逐渐熔融塑化。料筒前端喷嘴处的温度要单独控制，为防止塑料熔体的流涎作用，并估计到塑料熔体在注射时会快速通过喷嘴，有一定的摩擦热产生，所以，喷嘴的温度稍低于料筒的最高温度。

（2）压力。

注射过程中的压力包括塑化压力和注射压力，它们直接影响塑料的塑化和制品的质量。

塑化压力螺杆式注塑机在塑化物料时，螺杆顶部熔料在螺杆转动后退时所受到的压力称为塑化压力，亦称背压。由于塑化压力的存在，螺杆在塑化过程中，后退的速度降低，物料需要较长的时间才到达螺杆的头部，物料的塑化质量得到提高，尤其是带色母粒的物料颜色的分布更加均匀，塑化压力还会迫使物料中的微量水分从螺杆的根部溢出，因此制件减少了银纹和气泡。

（3）注射压力。

注塑机的注射压力是以螺杆顶部对塑料熔体施加的压力为准的。注射压力在注塑成型中所起的作用是克服塑料熔体从料筒向模具型腔流动的阻力，保证熔料充模的速率并将熔料压实。注塑过程中，注射压力与塑料熔体温度实际上是互相制约的，而且与模具温度有密切关系。料温高时，注射压力减少；反之，所需注射压力加大。

由于大多数高分子材料成型收缩率较大，注射成型制品的尺寸精度较差，为了提高制品尺寸精度，生产出满足工业应用要求的精密高分子材料制品，常常采用纤维增强或填料填充塑料进行注射成型。纤维增强塑料注塑制品广泛用于电子电气、交通、家电、通信、农机、办公用品、运动器械、医疗器械、化工设备、精密仪器等行业中的各种零配件、壳体及结构件的精密塑料注塑制品，所用原材料树脂有HIPS、PPO、PP、POM、PMMA、PSF、PA、ABS、FC、PET、PBT 和 PPS 等，也有塑料合金如 PC/ABS、PP/PA、PET/PBTT/PC、PPO/ABS 等，原材料纤维有玻璃纤维、碳纤维、金属纤维、天然纤维等及其与各种填料的混合物。

本实验采用无机填料或玻纤增强聚丙烯（PP）为原料注射成型制品。实验分为两步，第一步先将树脂与纤维或填料共混挤出，经加热、剪切、压实、混合等作用后，一起从多孔板机头挤出，再经水槽冷却、切粒、干燥箱干燥，最后制得无机填料或玻纤增强 PP 粒料；第二步再注射成型制品。

5. 实验步骤

（1）挤出造粒。

①根据 PP 的工艺特性，参考树脂手册，拟定挤出造粒 PP 的工艺条件。

②接通挤出机总电源和加热电源，开启水泵。

③设定加热温度并控制温度至挤出操作温度，当加热至设定温度后，恒温 20～30 min。

④关闭出料闸门，将低密度聚乙烯（LDPE）原料加入料斗。

⑤调节挤出螺杆和加料螺杆的转速至零，启动挤出螺杆、油泵，逐渐调节螺杆转速由 0 至 70 r/min。启动加料螺杆，逐渐调节加料螺杆转速由 0 至 10 r/min。

⑥拉开出料闸门，加入 LDPE 清洗料筒和口模，直到挤出熔体条料透明、无杂质为止。

⑦称量 1 kg 的 PP 粒料，加入料斗，当口模处挤出 PP 熔体后，在玻璃纤维加入口加入 3 股长玻纤。记录装载玻纤的台秤上起始质量的读数，当口模处出现不透明熔体之后，将熔料条引入水中冷却，然后喂入切粒机，用容器或塑料袋收集切成 4 mm 长的粒子。切粒机速度为 8～16 r/min。

⑧当 1 kg 的 PP 粒料挤出完毕时，记录装载玻纤的台秤上此时质量的读数。

⑨继续加入 PP 粒料，进行挤出，直至粒料总质量达到 2 kg 时，完成挤出造粒工作。

⑩将料斗中的余料挤出完毕后，加入 LDPE，清洗料筒和口模，直至清洗干净为止。

⑪挤出螺杆转速逐渐调至 0，停止转动。依次关闭水泵、油泵、总电源和冷却水。

⑫停机操作，首先将加料螺杆转速逐渐调至 0，停止转动。

⑬将制得的增强 PP 粒料放入真空干燥箱干燥，以备注射成型制品使用。真空干燥箱条件：温度 80 ℃，真空度 0.07 MPa，时间 2～5 h。

（2）注塑制品。

①了解原料的规格、成型工艺特点及试样的质量要求，参考塑料制品成型工艺手册初步拟定实验方案。

②接通总电源，调节注塑机温度控制仪表设定值为实验操作值，接通加热开关，示值达到实验温度值时，再恒温 20～30 min。

③将玻纤增强 PP 粒料加入料斗。用手动方式施行预塑程序，用慢速度进行对空注射。观察从喷嘴射出的料条的离模膨胀和不均匀收缩现象。如料条光滑明亮、无变色、无银丝和气泡，说明原料质量及预塑程序的条件适宜，可以成型制件。

④用手动操作方式，依次进行闭模—注射装置前移—注射（充模）—保压—预塑/冷却—注射装置后退—开模—顶出制品等操作。同时记录每个动作的压力、时间、速度值。

⑤根据手动操作，观察制件的外观、尺寸，调节成型过程中的压力、时间、速度工艺参数，直到获得符合外观要求的制件为止。

⑥用半自动操作方式和调节恰当的成型工艺条件注射成型出 5 个以上的制品。

⑦停机开到手动状态，关下电热开关。整理好成品，搞好清洁卫生。

6. 实验结果报告

（1）记录挤出造粒的正常工艺条件，计算玻璃纤维的平均含量，材料牌号、生产厂家。

（2）挤出和注塑实验设备型号、生产厂家和主要性能参数。

（3）挤出和注塑实验工艺参数记录表。

（4）挤出和注塑实验操作步骤及工艺调节。

（5）挤出和注塑实验现象记录及原因分析。

（6）对实验的改进意见；解答思考题。

7. 思考题

（1）如何控制和确定增强 PP 中玻纤的平均含量？

（2）影响增强 PP 制品力学性能的因素有哪些？

（3）注射成型时注射压力、注射速度和注射温度对玻纤取向有何影响？

3.8.2 维卡软化点的测定

1. 实验目的

（1）掌握（热塑性）塑料维卡软化点的测定方法。

（2）掌握热变形温度测定仪（XRW-300）操作方法，并了解其工作原理。

2. 实验原理

将被测试样品于液体传热介质中，将 $1\ mm^2$ 截面积的针头，在一定的负荷下，压在试样表面，而后等速升温，测定针头下降 $1\ mm$ 时的温度，即为该试样的维卡软化点。

3. 实验仪器及结构

XRW-300 热塑性变形及维卡软化点测定仪是由主机（图 3.9）、温度测量系统、温度控制系统、位移测量系统，打印控制及配套控制软件六个系统构成，实验装置图如 3.10 所示。

图 3.9　主机简图

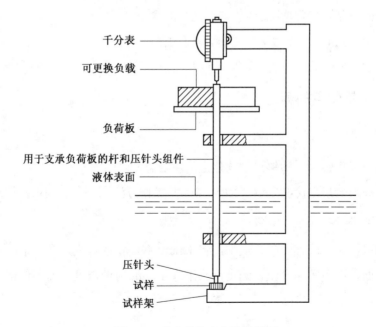

图 3.10　维卡软化点实验装置图

4. 试样及实验条件

（1）试样尺寸。

参照 GB/T 1633—2000《热塑性塑料维卡软化点的测定》，试样厚度为 3～6 mm，面积不小于 10 mm×10 mm 或直径大于 10 mm。

模塑材料厚度为 3～4 mm。板材厚度大于 6 mm 时，应在一面加工至 3～4 mm。厚度不足 3 mm 时，允许 2～3 块叠合一起进行测定。试样上、下表面应平整、光滑，无气泡、飞边或凹痕等缺陷。每组试样为 2 个。

（2）起始温度为室温。

升温速率：（5±0.5）℃/min 或（10±1.0）℃/min。试样承受的静负荷为 1 kg 或 5 kg。

传热介质：硅油、变压器油、液状石蜡等。

5. 实验步骤

（1）把试样放入样品架，其中心位置约在压针头之下，距试样边缘应大于 3 mm，经机械加工的试样，加工表面应紧贴支架底座。

（2）调整铂电阻，使其探测头与试样相距在 3 mm 以内，但不应触及试样，然后锁紧铂电阻。

（3）将样品架小心浸入油槽内，置入卡槽平稳放好。这时试样应位于液面 45 mm 以下，起始温度至少低于软化点（维卡）50 ℃。

（4）加砝码，使试样承受 1 000 或 5 000 负载。开始搅拌，5 min 后调节数显百分表，使之为 0。

（5）按 50 ℃/h 或 120 ℃/h 的速率等速升温。

（6）当针头压头压入试样 1 mm 时，仪器会自动记录此时的温度，此温度即为试样的软化点（维卡）。

（7）材料的软化点（维卡）以两个试样的算术平均值表示，如同组试样测量结果大于 2 ℃时，必须重做。

6. 实验报告要求

实验报告除了实验目的、原理，实验步骤，还应包括以下内容。

（1）试样名称、牌号及批号。

（2）试样的制备方法和预处理条件。

（3）起始温度；升温速率；负载大小。

（4）使用的传热介质。

（5）每个试样的维卡软化点和试样的算术平均值。

（6）实验过程及实验后试样的特殊情况。

（7）解答思考题。

7. 注意事项

（1）开机后，机器要预热 10 min，待机器稳定后，再进行实验。若刚刚关机，需要再开机，时间间隔不可少于 10 s。

（2）由于本仪器可进行高达 300 ℃的实验，应在实验过程中注意安全，避免烫伤。任何时候都不能带电拔插电源线和信号线，否则很容易损坏控制元件；除在室温下安放试样外，不要将手伸入油箱或触摸靠近油箱的部位，以免烫伤。

（3）试样应光滑无毛刺，放置试样应使压头压在试样的中心位置，实验前应先进行清零，清零的最佳范围 4~5 mm。

（4）当参考温度达到设定值时将保持恒温，如想降温按停止按钮。做实验时，必须关掉冷却水源，以免影响加热过程。

（5）实验结束后，油箱内温度≤220 ℃时，进行水冷却；如果≥220 ℃，先进行自然冷却，待冷却下来时再进行水冷却。（用户需当心出水管喷出的高温水蒸气烫伤）

（6）该设备为高温实验设备，如使用不当可能引起火灾，故实验时请别远离设备，人员离开时最好关闭机器。

（7）液体传热介质的选择，应以对试样无影响为原则，并须在室温时具有黏度较低的特点，如硅油、变压器油、液状石蜡或二醇等。

（8）控制系统可能会在某种外界强干扰条件下发生错误，此时只要断开电源，

30 s 后重新启动即可恢复正常。

（9）实验时，不要触碰传感器线，以免影响数据的准确性。出现其他异常现象，应马上关机。

8. 思考题

（1）材料的维卡软化温度是否就是其软化点？为什么？

（2）本方法适用于哪种塑料？为什么？

3.8.3　热变形温度的测定

1. 实验目的与原理

（1）了解弯曲负载热变形温度（简称热变形温度）测定的基本原理。

（2）掌握弯曲负载热变形温度（简称热变形温度）的测定方法。

2. 实验原理

本方法是测定聚合物材料试样浸在一种等速升温的合适液体传热中，在简支梁式的静弯曲负载作用下，试样弯曲变形达到规定值时的温度，即弯曲热变形温度（简称热变形温度）。热变形温度适用于控制质量和作为鉴定新品种热性能的一个指标，但不代表其使用温度。本方法适用于在常温下是硬质的模塑材料和板材。

3. 原材料与设备

（1）原材料试样为截面是矩形的长条，其尺寸规定如下。

①模塑试样长度 L=120 mm，厚度 h=15 mm，宽度 b=10 mm。

②板材试样长度 L=120 mm，厚度 h=15 mm，宽度 b=31～3 mm（取板机厚度）。

③特殊情况可以用长度 L=120 mm，厚度 h=9.8～15mm，宽度 b=3～13 mm，中点弯曲变形量必须用表 3.5 中规定的值。

本实验参照 GB/T 1634—2004《塑料弯曲负载热变形温度（简称热变形温度）试验方法》。

试样应表面平整、光滑，无气泡、锯切痕迹、凹痕或飞边等缺陷。每组试样最少两个。

本次实验试样是注塑成型的 PP 长条试样。试样尺寸为：长度 L=120 mm，厚度 h=10 mm，宽度 b=4 mm。

表 3.5 试样厚度变化时相应的变形量 mm

试样厚度 h	相应变形量	试样厚度 h	相应变形量	试样厚度 h	相应变形量
9.8～9.9	0.33	11.5～11.0	0.28	13.8～14.1	0.23
10.0～10.3	0.32	12.0～12.3	0.27	14.21～4.6	0.22
10.4～10.6	0.31	12.4～12.7	0.26	14.7～15.0	0.21
10.7～10.9	0.30	12.8～13.2	0.25		
11.0～11.4	0.29	13.3～13.7	0.24		

（2）实验装置图。

实验装置如图 3.11 所示。

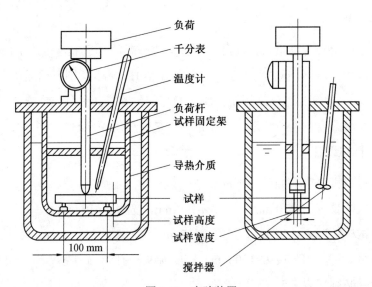

图 3.11 实验装置

①试样支架用全属制成。两个支座中心同的距离为 100 mm，在两个支座的中点能对试样施加垂直的负载。支座及负载杆压头应互相平行，与试样接触部分必须制成半圆形，其半径为（3±0.2）mm。支架的垂直部件与负载杆必须用线膨胀系数小的材料制成，使在测试温度范围内。

②保温浴槽。盛放温度范围合适和对试样无影响的液体传热介质。具有搅拌器、加热器。使实验期间传热介质以（120±1）℃/6 min 等速升温。

注：液体传热介质一般选用室温时黏度较低的硅油、变压器油、液状石蜡或乙二醇等。

③砝码。一组大小合适的砝码，使试样受载后最大弯曲正应力为 1.85 MPa 或 0.46 MPa。负载杆、压头的质量及变形测量装置的附加力应作为负载中的一部分计入总负载中。

应加砝码的质量由下式计算：

$$W = \frac{2\sigma bh^2}{3L} = R - T$$

式中　W——砝码质量，g；

　　　σ——试样最大弯曲正应力，N；

　　　b——试样的宽度，mm；

　　　h——试样的高度，mm；

　　　L——两支座中心间距离，mm；

　　　R——负载杆压头的质量，g；

　　　T——变形测量装置的附加力，N。

注：由于仪器结构不同，附加力向下取正直，向上取负值。

④测温装置。经校正的温度范围合适的局部浸入式水银温度计或其他测温仪表，其分度值为 1 ℃。

⑤变形测量装置。具有精度为 0.01 mm 的百分表或其他测量装置。

⑥冷却装置。将液体传热介质迅速冷却，以备及时再次实验。

4. 实验步骤

（1）试样预处理可按产品方法规定，产品方法无规定时，可直接进行测定。

（2）测量试样中点附近处的高度 h 和宽度 b 精确至 0.05 mm，并按公式计算砝码质量。

（3）把试样对称地放在支座上，高为 15 mm 的一面垂直放置。

（4）插入温度计，使温度计水银球在试样两支座的中点附近，与试样相距在 3 mm 内，但不要触及试样。

（5）保温浴槽内的起始温度与室温相同，如果经实验证明在较高的起始温度下也不影响实验结果，则可提高其起始温度。

（6）把装好试样的支架小心放入保温浴槽内，试样应位于液面 35 mm 以下。加上砝使试样产生所要求的最大弯曲正应力为 1.85 MPa 或 0.46 MPa。

（7）加上砝码后，即开动搅拌器，5 min 后调节变形测量装置，使之为零（如果材料载后不发生明显的蠕变，就不需要等待这段时间），然后开始加热升温。

（8）当试样中点弯曲变形量达到 0.21 mm 时，迅速记录此时温度。此温度即为该试在相应最大弯曲正应力条件下的热变形温度（如实验 h=9.5～15 mm 时，则中点弯曲形量应采用表中的数值）。

（9）材料的热变形温度值以同组试样算术平均值表。

5. 实验报告

实验报告应包括下列内容。

（1）试样名称、试样的制备方法和处理条件。

（2）试样的尺寸和所用的砝码质量。

（3）实验原理和实验步骤。

（4）解答思考题。

6. 思考题

（1）弯曲负载热变形温度（简称热变形温度）与维卡软化点有何区别？

（2）弯曲负载热变形温度（简称热变形温度）的测试中有哪些步骤可能引入误差，如何克服？

3.9　阻燃复合材料配方设计及氧指数测定

3.9.1　阻燃复合材料配方设计及制备

1. 实验目的

（1）实验前查阅文献资料，探讨一定条件下各种阻燃剂对于树脂燃烧性能的影响，以期有效降低材料的可燃性。

（2）按照实验方案制备阻燃共混改性试样。

（3）分析配方和混合条件对产品性能的影响。

2. 实验原理

本实验项目为设计性实验，以性能要求—设计材料配方—设计加工工艺—性能检测—结果分析讨论为主线。要求学生在查阅文献的基础上，根据实验任务及目的，自己设计成型用物料的配方、物料的加工工艺及检测方法。

3. 实验论证与答辩

（1）通过查阅文献资料，了解国内外阻燃树脂基复合材料研究进展。

（2）预习实验报告要求。

①阻燃复合材料的研究进展与经济效益。

②实施该项目的实验方案、具体步骤、性能检测手段。

4. 实验提示

（1）原料：环氧树脂、玻璃纤维、碳酸钙等。常见的阻燃剂有氢氧化铝、氢氧化镁、硼砂、硼酸锌、十溴苯醚、三氧化二锑等，锑没有阻燃性，但与卤素有良好的协同效应，磷与卤素也有很高的协同效应。

（2）确定评定改性指标：阻燃性和冲击性能。建议达到自熄的阻燃水平而冲击韧性又不太降低。

（3）将基本配方和阻燃试样进行氧指数实验比较，确定达到改性环氧树脂燃烧性能的最低含量。

（4）评定所选阻燃剂对环氧树脂的阻燃效果以及对冲击性能的影响。

（5）学生可自己决定改性实验，在老师的同意下结合实际研究加以指导。

5. 结果与讨论

（1）分析阻燃配方中各个组分的作用。

（2）制备工艺、添加阻燃剂对性能的影响，如果改性失败，分析失败的原因。

（3）观察阻燃试样气泡、开裂、团聚等并分析原因。

6. 实验报告

（1）简述实验目的、原理。详细记录实验原材料与实验方案、实验步骤。

（2）根据阻燃改性机理，讨论实验所得制品的性能结果，并对改性成功或失败进行分析。

（3）对整个实验过程中的操作满意度做出自身评价。

3.9.2 氧指数的测定

1. 实验目的

了解材料氧指数测定的基本原理与方法。

2. 实验原理

氧指数（Oxygen Index，OI）是指在规定的实验条件下，试样在氧氮混合气流中，维持平稳燃烧（即进行有焰燃烧）所需的最低氧气浓度，以氧所占的体积分数的数值表示（即在该物质引燃后，能保持燃烧 50 mm 长或燃烧时间 3 min 时所需要的氧、氮混合气体中最低氧的体积百分比浓度）。

作为判断材料在空气中与火焰接触时燃烧的难易程度非常有效。一般认为，OI<22 的属易燃材料，22≤OI<27 的属可燃材料，OI≥27 的属难燃材料。

3. 实验内容

测定材料的氧指数，参照 GB/T 2406—93《塑料燃烧性能试验方法　氧指数法》。

本实验试样根据 9.1 实验制备（70～150）mm×（6.5±0.5）mm×（3.0±0.5）mm，每组 5～10 个，其他试样尺寸见表 3.6。

表3.6　试样尺寸

试样型式	塑料类型	宽/mm	厚/mm	长/mm	点火方法	两者取一	
						点燃后的燃烧周期/s	燃烧范围
I	自撑型	6.5±0.5	3.0±0.5	70~150	A法	180	试样顶面下 50 mm
II	兼有自撑型和柔软型	6.5±0.5	2.0±0.5	70~150			
III	泡沫型	12.5±0.5	12.5±0.5	125~150	B法	180	上参照标记下 50 mm
IV	薄片和膜	52±0.5	原厚	140±5			

注：方法 A 顶端表面燃点法是在试样上端的顶表面使用点火器引发燃烧。使火焰的最低可见部分接触试样顶端，必要时扭动着以覆盖整个表面，但注意勿使火焰碰到试样的棱边和垂直的侧表面。火焰作用时间为 30 s，每隔 5 s 移开火焰一下。移开的时间以刚好能判明试样整个表面是否在燃烧为限。在增加 5 s 接触时间后，若整个试样的顶面都烧着，即认为试样点燃。立即移去点火器，并开始测量燃烧距离和燃烧时间。

方法 B 扩散式点火法是用点火器引起横过试样顶面并下达试样部分垂直表面的燃烧。充分降低和移动点火器，使可见火焰置于试样顶表面，并置于垂直表面约 6 mm 之长。点火器施用时间最多为 30 s，每隔 5 s 停一下，观察试样，直到它的垂直表面稳定燃烧或可见燃烧部分的前锋达到试样上的标线水平处为止。为了测定燃烧周期和范围，当可见燃烧部分的任一部分达到上参照线水平时，就认定试样已点燃。

4. 实验仪器

HC-2 型氧指数测定仪就是用来测定物质燃烧过程中所需氧的体积百分比。该仪器适用于塑料、橡胶、纤维、泡沫塑料及各种固体的燃烧性能的测试，准确性、重复性好，因此普遍被世界各国所采用。HC-2 型氧指数测定仪由燃烧筒、试样夹、流量控制系统及点火器组成，如图 3.12 所示。

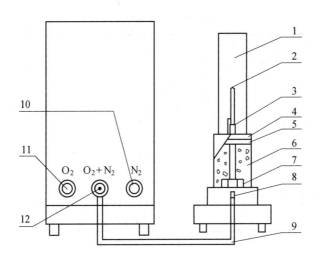

图 3.12 氧指数测定仪示意图

1—玻璃燃烧筒；2—燃烧着的试样；3—试样夹；4—金属网；5—燃烧筒底座；6—玻璃珠；

7—分布板；8—螺钉；9—尼龙管；10—N$_2$接口；11—O$_2$接口；12—气体预混合结点

燃烧筒为一耐热玻璃管，高 450 mm，内径 75～80 mm，筒的下端插在基座上，基座内填充直径为 3～5 mm 的玻璃珠，填充高度 100 mm，玻璃珠上放置一金属网，用于遮挡燃烧滴落物。试样夹为金属弹簧片，对于薄膜材料，应使用 140 mm×38 mm 的 U 形试样夹。流量控制系统由压力表、稳压阀、调节阀、转子流量计及管路组成。流量计最小刻度为 0.1 L/min。点火器是一内径为 1～3 mm 的喷嘴，火焰长度可调，实验时火焰长度为 10 mm。

5. 实验步骤

（1）检查气路，确定各部分连接无误，无漏气现象。

（2）确定实验开始时的氧浓度。

根据经验或试样在空气中点燃的情况，估计开始实验时的氧浓度。如试样在空气中迅速燃烧，则开始实验时的氧浓度为 18%左右；如在空气中缓慢燃烧或时断时续，则为 21%左右；在空气中离开点火源即马上熄灭，则至少为 25%。根据经验，确定该地板革氧指数测定实验初始氧浓度为 26%。氧浓度确定后，在混合气体的总流量为 10 L/min 的条件下，便可确定氧气、氮气的流量。例如，若氧浓度为 26%，则氧气、氮气的流量分别为 2.5 L/min 和 7.5 L/min。

（3）安装试样。

将试样夹在夹具上，垂直地安装在燃烧筒的中心位置上（注意要划 50 mm 标线），保证试样顶端低于燃烧筒顶端至少 100 mm，罩上燃烧筒（注意燃烧筒要轻拿轻放）。

（4）通气并调节流量。

开启氧、氮气钢瓶阀门，调节减压阀压力为 0.2～0.3 MPa（由教员完成），然后开启氮气和氧气管道阀门（在仪器后面标注有红线的管路为氧气，另一路则为氮气，应注意：先开氮气，后开氧气，且阀门不宜开得过大），然后调节稳压阀，仪器压力表指示压力为（0.1±0.01） MPa，并保持该压力（禁止使用过高气压）。调节流量调节阀，通过转子流量计读取数据（应读取浮子上沿所对应的刻度），得到稳定流速的氧、氮气流。检查仪器压力表指针是否在 0.1 MPa，否则应调节到规定压力，O_2+N_2压力表不大于 0.03 MPa 或不显示压力为正常，若不正常，应检查燃烧柱内是否有结炭、气路堵塞现象；若有此现象应及时排除使其恢复到符合要求为止。应注意：在调节氧气、氮气浓度后，必须用调节好流量的氧氮混合气流冲洗燃烧筒至少 30 s（排出燃烧筒内的空气）。

（5）点燃试样。

用点火器从试样的顶部中间点燃（点火器火焰长度为 1～2 cm），勿使火焰碰到试样的棱边和侧表面。在确认试样顶端全部着火后，立即移去点火器，开始计时或观察试样烧掉的长度。点燃试样时，火焰作用的时间最长为 30 s，若在 30 s 内不能点燃，则应增大氧浓度，继续点燃，直至 30 s 内点燃为止。

（6）确定临界氧浓度的大致范围。

点燃试样后，立即开始计时，观察试样的燃烧长度及燃烧行为。若燃烧终止，但在 1 s 内又自发再燃，则继续观察和计时。如果试样的燃烧时间超过 3 min，或燃烧长度超过 50 mm（满足其中之一），说明氧的浓度太高，必须降低，此时记录实验现象记"×"，如试样燃烧在 3 min 和 50 mm 之前熄灭，说明氧的浓度太低，需提高氧浓度，此时记录实验现象记"O"。如此在氧的体积百分浓度的整数位上寻找这样相邻的四个点，要求这四个点处的燃烧现象为"OO××"。例如若氧浓度为

26%时，烧过 50 mm 的刻度线，则氧过量，记为"×"，下一步调低氧浓度，在 25% 做第二次，判断是否为氧过量，直到找到相邻的四个点为氧不足、氧不足、氧过量、氧过量，此范围即为所确定的临界氧浓度的大致范围。

（7）在上述测试范围内，缩小步长，从低到高，氧浓度每升高 0.4% 重复一次以上测试，观察现象，并记录。

（8）根据上述测试结果确定氧指数 OI。

6. 实验结果及处理

（1）实验数据记录。

实验数据记录见表 3.7。

表 3.7　实验数据记录

实验次数	1	2	3	4	5	6	7	8	9	10
氧浓度/%										
氮浓度/%										
燃烧时间/s										
燃烧长度/mm										
燃烧结果										

注：第二、三行记录的分别是氧气和氮气的体积百分比浓度（需将流量计读出的流量计算为体积百分比浓度后再填入）。第四、五行记录的燃烧长度和时间分别为：若氧过量（即烧过 50 mm 的标线），则记录烧到 50 mm 所用的时间；若氧不足，则记录实际熄灭的时间和实际烧掉的长度。第六行的结果即判断氧是否过量，氧过量记"×"，氧不足记"○"。

（2）数据处理。

氧指数为

$$OI = \frac{O_2}{O_2 + N_2} \times 100\%$$

式中　O_2——测定浓度下氧的体积流量，L/min；

N_2——测定浓度下氮的体积流量，L/min。

根据上述实验数据计算试样的氧指数值 OI，即取氧不足的最大氧浓度值和氧过量的最小氧浓度值两组数据计算平均值。

7. 实验注意事项

（1）试样制作要精细、准确，表面平整、光滑。

（2）氧、氮气流量调节要得当，压力表指示处于正常位置，禁止使用过高气压，以防损坏设备。

（3）流量计、玻璃筒为易碎品，实验中谨防打碎。

8. 思考题

（1）什么是氧指数值？如何用氧指数值评价材料的燃烧性能？

（2）HC-2 型氧指数测定仪适用于哪些材料性能的测定？如何提高实验数据的测试精度？

（3）材料性能评价：如何根据氧指数值评价材料的燃烧性能？

（4）通过这个设计性实验，综合了哪些方面的知识？

（5）对改性后环氧树脂阻燃性能加以评述？

3.10　纤维的表面处理及性能测试

3.10.1　纤维的表面处理

1. 实验目的

掌握纤维表面处理的方法及研究进展。

2. 实验原理

改善增强材料与基体间界面黏合性能，使其能够有效传递增强材料与基体之间的载荷是提高复合材料综合性能、保证复合材料制品质量的重要因素。对于纤维增强复合材料，主要通过对增强纤维表面进行改性处理的手段来实现。处理方法概括起来主要有气相氧化、液相氧化、化学偶联剂处理、纤维表面涂层、化学气相沉积、电聚合、电沉积、化学接枝、超声波改性、等离子体处理、辐照处理等。

3. 实验原材料与仪器

玻璃纤维、无水乙醇、丙酮、偶联剂、鼓风干燥箱、冲击试验机等。

4. 实验内容

玻璃纤维有许多优点，但纤维表面光滑、高分子树脂黏合力很差，另外它还有性脆、不耐磨、僵硬、伸长率小等缺点。所以它的纺织品不柔软，布面不易平整，手拉后易发生形变、脱边等现象，在许多方面的应用受到了限制。玻璃纤维用于增强塑料时，必须进行表面处理，才能充分体现和发挥玻璃纤维本身的优越性，因而玻璃纤维的表面处理技术是发展玻璃纤维工业的关键。用偶联剂处理玻璃纤维表面以改善界面的黏合目前已得到广泛的应用，偶联剂在树脂基复合材料中起"架桥作用"，一端与纤维表面反应，另一端与基体树脂反应。偶联剂品种较多，主要有硅有机化合物、钛酸酯、络合物及铝、硼、碳等有机化合物，应用较广泛的为前三种。

本实验通过对分别以经脱蜡处理、偶联剂处理及未经任何处理的玻璃纤维为增强纤维，以不饱和树脂为基体，制备玻璃纤维增强复合材料。通过对所制备材料力学性能的对比，研究表面不同表面处理对复合材料性能的影响。

（1）用丙酮浸泡 4 h 左右，用去离子水洗干净、干燥、备用。

（2）偶联剂溶液的配备，将无水乙醇和去离子水按 9∶1 配成溶液，加氢氧化钠调节 pH 为 4.5～5.5，在搅拌下加入偶联剂。

（3）将脱蜡处理干燥后的纤维在偶联剂溶液中浸渍 30 min，自然干燥后将其在鼓风干燥箱中 100 ℃烘干 2 h，备用。

（4）分别制备偶联剂处理及未经任何处理的纤维增强复合材料试样。

（5）分别测试经偶联剂处理及未经任何处理的增强复合材料的冲击强度，单丝及复丝的拉伸强度与模量见 3.10.1 及 3.10.3 节。

5. 数据处理与分析

分别计算脱蜡处理、偶联剂处理及未经任何处理的玻璃纤增强复合材料的冲击韧性，并对实验结果进行理论分析，单丝及复丝的拉伸强度与模量见 3.10.1 及 3.10.2 节中进行的数据处理。

6. 思考题

（1）文献查阅，纤维表面处理的方法还有哪些，各有什么优缺点？

（2）分析偶联剂的作用机理？

3.10.2　纤维束的拉伸强度与模量测定

1. 实验目的

掌握碳纤维束拉伸的测试原理、方法标准。

2. 实验原理

在拉伸纤维束时，由于夹头对各根纤维夹为松紧不一，或各单根纤维伸直的程度不一所致，有可能各单丝受力不匀而断裂参差不齐。如果用树脂将一束纤维中各根纤维黏结在起，依靠树脂传递应力，则在受夹头压紧或施加拉伸力时，可较好地克服上述缺点。在拉伸实验中，由于纤维排布方向上树脂的模量及强度比纤维的模量及强度低得多，所以计算拉伸强度时可将树脂所承受的拉力忽略不计。但由于树脂和纤维联合承力和变形，所测纤维束强度和模量数据总要受到树脂的影响，所以用这种方法测量的纤维束强度和模量称为表观强度和表观量。

3. 实验仪器与试样

万能试验机、烘箱。

本实验参照 GB/T 3362—2017《碳纤维复丝拉伸性能试验方法》，试样的制备与尺寸如下。

（1）取一纱轴纤维，记录纤维的支数和股数。

（2）通过浸胶槽浸胶，浸胶后剪 50 cm 左右长（至少一组 10 根），用少许力分别拉直绷紧固定在一框架上，试样浸胶应该均匀，光滑平直无缺陷，复丝浸胶制成的试样树脂含胶量应该控制在 35%～50%。

（3）用纸片或纸板作为加强片黏结在试样两端。对 6 K 以下的碳纤复丝试样，可选用 0.2～0.5 mm 厚的纸片或纸板；6 K 及以上碳纤维复丝试样，可选用 0.3～1.0 mm 厚的纸片或纸板。可用室温固化的环氧类胶黏剂粘贴加强片或将浸胶后的纤维与框架一起放入烘箱加热固化。

（4）固化后的纤维束按图 3.13 所示尺寸裁剪，两头用胶黏剂和牛皮纸加强。准确测量试样标距，精确到 0.5 mm。

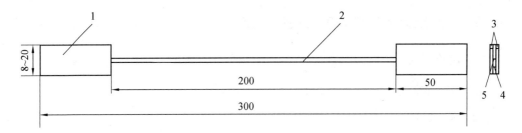

图 3.13　万能试验机（单位：mm）

1—两端的双帽窄片；2—碳纤维粗纱；3—纸板；4—胶；5—浸胶粗纱

4. 实验步骤

（1）试验机上装夹试样，注意纤维与加载轴线相重合。

（2）选择适当的拉伸速度（如 1～10 mm/min）。

（3）记录负荷-变形曲线，直至纤维断裂。

（4）最后由该曲线计算纤维束的表观拉伸强度、表观拉伸模量和断裂伴长率。

（5）若试样破坏出现以下情况应判定无效。

①试样部分断裂。

②试样在加强片处拔出。

③试样破坏在夹具内或试样断裂处离夹紧处的距离小于 10 mm。

5. 实验结果及处理

（1）表观拉伸强度σ_t。

$$\sigma_t = \frac{P}{A}$$

式中　P——拉伸断裂载荷，N；

　　　A——纤维束中纤维横截面积，m^2 或 mm^2。

$$A = \frac{t}{\rho_f}$$

式中　t —— 纤维束线密度，g/km；

　　　ρ_f —— 纤维密度。

纤维束线密度 t 定义为单位长度纤维束的质量，取名 tex(g/km)，纱的粗细以支数表示，每股纤维 1 g 质量的长度米数值为支数，单位为 m/g。如 80 m/g 的股纱称为 80 支纱，玻璃纤束也沿用支数表示粗细，参阅 GB/T 7690.1—2013《增强材料　纱线试验方法》线密度的测定，支数的概念与线密度相近，量纲互为倒数。测量一定长度 L 的纤维束可按下式求线密度求 t：

$$t = \frac{m}{L}$$

（2）伸模量 E_a。

$$E_a = \frac{\Delta P}{A} \cdot \frac{L}{\Delta L}$$

式中　ΔP —— 曲线上直线段截取的载荷差，N；

　　　ΔL —— 对应于 ΔP 段的变形量，mm；

　　　L —— 试样标距，mm；

　　　A —— 纤维束横截面积。

（3）断裂伸长率 ε。

$$\varepsilon = \frac{\Delta L}{L} \times 100\%$$

式中　ΔL —— 断裂载荷相对应的标距内总变形量，mm。

由于纤维束浸胶后横截面形状不易规则化，标距 L 和形状对表观拉伸模量均有影响，所以要适当进行修正。

修正方法为：分别制备标距为 50 mm、100 mm、150 mm、200 mm、250 mm 的

试样各 10 个，测量它们的断裂载荷 P(N)和断裂变形值ΔL(mm)；计算每种标距试样 $\Delta L/P$ 的平均值；将各种标距长度 L 对应的$\Delta L/P$ 按下式计算修正系数 K：

$$\frac{\Delta L}{P} = aL + K$$

式中　K —— 回归直线的截距。

修正后的拉伸模量 E_t 为

$$E_t = \frac{E_a}{1 - \frac{P}{\Delta L}K}$$

由纤维束拉伸实验的断裂载荷值，可以计算纤维束的平均股强度。股强度定义为每股纤维所能承受的最大拉力。

6. 实验报告要求

实验报告除了撰写实验目的、原理与实验步骤外，还应包括以下内容。

（1）纤维厂家、实验条件。

（2）加载速度，计算拉伸强度、弹性模量、断裂伸长率以及线密度、密度等。

3.10.3　纤维单丝的拉伸强度与模量测定

1. 实验目的

掌握纤维单丝拉伸的测试原理、方法标准。

2. 实验原理

被测单纤维的一端由上夹持器夹持住，另一端施加标准规定的预张力后由下夹持器夹紧，测试时下夹持器以恒定的速度拉伸试样，下夹持器下降的位移即为纤维的伸长，试样受到的拉伸力，可通过相连的传感器计算出纤维在拉伸过程中的受力情况。

3. 实验仪器与试样

实验仪器：纤维强度仪、镊子等。

在纤维强度数据中，单丝强度与丝束强度是有差别的。单丝强度是指单根纤维的测量强度，丝束强度是从纱轴上退解下来的已经合股加捻的纤维束强度。通常，在同一类同批纤维中，丝束强度比单丝强度略低。从实用角度看，丝束强度更接近于实际应用情况；然而作为基础研究，单丝强度却是不可缺少的。有的单丝强度高达 5 000 MPa，而丝束强度则达不到如此高的水平。由于单丝直径只有数微米，所以最大断裂载荷不到 1 N。因此在测量单丝拉伸强度和模量时，必须采用载荷和变形都很灵敏的试验机。试验机的原理与万能试验机类同，采用微小电阻丝应变式应力传感器。

按图 3.14 制作试样。先以坐标纸做成纸框，再用尖镊子夹一根长 4～5 cm 的单丝置于纸框空格中央，然后用糨糊将单丝定位，使纤维与纸框边平行；用另一半纸框折叠盖压将单丝夹于中间，使纤维不易被拉力仪夹头夹断。

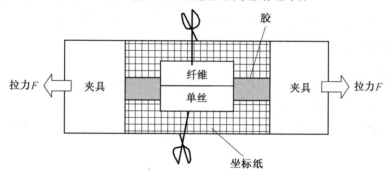

图 3.14　制作试样

4. 实验步骤

（1）调好夹具距离，使纸框中线与夹具中线重合，将试样上下夹牢。

（2）选择适宜的拉伸速度（如 1 mm/min）、伸长倍数及载荷量程。打开记录仪开关之后，用小剪刀将试样两边的纸框剪断，留单丝独立承载。拉伸实验可得到应力-应变曲线和断裂载荷 P_b。

（3）取下试样断头，测量被拉断单丝的直径。

5. 实验数据处理

如下公式计算单丝强度 S（MPa）和拉伸模量 E（GPa）：

$$S = \frac{4P_b}{\pi d^2}$$

$$E = \frac{4\Delta P}{\pi d^2} \frac{L}{\Delta L}$$

式中　P_b——单丝断裂最大负荷，N；

　　　d——单丝直径，m；

　　　ΔP——所对应的单丝伸长变形值，cm；

　　　L——夹具之间标定的纤维长度，cm；

　　　ΔL——载荷差。

通常，在测量拉伸载荷之后将试样取下测量单丝直径，并且应当测量纸框外部位，而量经过拉伸的部位，以免因拉伸变形、横截面变化而引入系统误差。

6. 实验报告

除了撰写实验目的、原理与实验步骤外，还应包括以下内容。

（1）纤维厂家、实验条件。

（2）加载速度，计算拉伸强度、弹性模量、断裂伸长率等。

附录 有关国家标准号与名称

F1 基础标准

GB/T 3961—2009	纤维增强塑料术语
GB/T 2035—2008	塑料术语及其定义
GB/T 1844.1—2008	塑料及树脂缩写代号
GB/T 18374—2008	增强材料术语及定义
GB/T 4202—2007	玻璃纤维产品代号
GB/T 40724—2021	碳纤维及其复合材料术语

F2 原材料标准

GB/T 1630—1989	环氧树脂分类、型号、命名
GB/T 1404.1—2008	酚醛塑料命名方法和基础规范
GB/T 8237—2005	玻璃纤维增强塑用液体不饱和聚酯树脂
JC/T 169—1994	无碱玻璃纤维纱
JC/T 170—2002	无碱玻璃纤维布
JC/T 1742—2005	无碱玻璃纤维带
JC/T 1752—2007	无碱玻璃纤维套管
JC/T 277—1994	无碱玻璃无捻纱
JC/T 278—1994	中碱玻璃无捻纱
JC/T 281—1994	无碱无捻玻璃纤维布
JC/T 572—2012	耐碱无捻玻璃纤维布

F3   方法标准

GB/T 1549—2008   纤维玻璃化学分析方法

GB/T 7689.1—2013   增强材料机织物试验方法第 1 部分：玻璃纤维厚度的测定

GB/T 7689.2—2013   增强材料机织物试验方法第 2 部分：经、纬密度的测定

GB/T 7689.3—2013   增强材料机织物试验方法第 3 部分：宽度和长度的测定

GB/T 7689.4—2013   增强材料机织物试验方法第 4 部分：弯曲硬挺度的测定

GB/T 7689.5—2013   增强材料机织物试验方法 第 5 部分：玻璃纤维拉伸断裂
                        强力和断裂伸长的测定

GB/T 7690.1—2013   增强材料 纱线试验方法第 1 部分：线密度的测定

GB/T 7690.2—2013   增强材料 纱线试验方法第 2 部分：捻度的测定

GB/T 7690.3—2013   增强材料 纱线试验方法第 3 部分：玻璃纤维断裂强力和
                        伸长的测定

GB/T 7690.4—2013   增强材料 纱线试验方法第 4 部分：硬挺度的测定

GB/T 7690.5—2013   增强材料 纱线试验方法第 5 部分：玻璃纤维纤维直径的
                        测定

GB/T 9914.1—2013   增强制品试验方法第 1 部分：含水率的测定

GB/T 9914.2—2013   增强制品试验方法第 2 部分：玻璃纤维可燃物含量的测定

GB/T 9914.3—2013   增强制品试验方法第 3 部分：单位面积质量的测定

GB/T 20102—2006   璃纤维网布耐碱性试验方法 氢氧化钠溶液浸泡法

GB/T l446—2005   纤维增强塑料性能试验方法总则

GB/T 1447—2005   纤维增强塑料拉伸性能试验方法

GB/T 1448—2005   纤维增强塑料压缩性能试验方法

GB/T 1449—2005   纤维增强塑料弯曲性能试验方法

GB/T l450.1—2005   纤维增强塑料层间剪切强度试验方法

GB/T l450.2—2005   纤维增强塑料冲压式剪切强度试验方法

GB/T l451—2005   纤维增强塑料简支梁式冲击韧性试验方法

GB/T l452—2005	夹层结构平拉强度试验方法
GB/T l453—2005	夹层结构或芯子平压性能试验方法
GB/T 3139—2005	纤维增强塑料导热系数试验方法
GB/T 3140—2005	纤维增强塑料平均比热试验方法
GB/T 3354—2014	定向纤维增强塑料拉伸性能试验方法
GB/T 3355—2005	纤维增强塑料纵横剪切试验方法
GB/T 3356—2014	定向纤维增强塑料弯曲性能试险方法
GB/T 3362—2017	碳纤维复丝拉伸性能试验方法
GB/T 3363—1982	碳纤维复丝纤维根数检验方法（显微镜法）
GB/T 3364—1982	碳纤维直径和当量直径检验方法（显微镜法）
GB/T 3365—1982	碳纤维增强塑料孔隙含量检验方法（显微镜法）
GB/T 3366—1996	碳纤维增强塑料纤维体积含量检验方法（显微镜法）
GB/T 3854—2005	纤维增强塑料巴氏（巴柯尔）硬度试验方法
GB/T 3855—2005	碳纤维增强塑料树脂含量试验方法
GB/T 3856—2005	单向纤维增强塑料平板压缩性能试验方法
GB/T 3857—2005	玻璃纤维增强热固性塑料耐化学药品性能试验方法
GB/T 4550—2005	试验用单向纤维增强塑料平板的制备
GB/T 4944—2005	玻璃纤维增强塑料层合板层间拉神强度试验方法
GB/T 32728.1—2016	预浸料性能试验方法 第 1 部分 凝胶时间试验的测定
GB/T 32728.2—2016	预浸料性能试验方法 第 2 部分 树脂流动度试验的测定
GB/T 32728.3—2016	预浸料性能试验方法 第 3 部分 树脂挥发物含量的测定
GB/T 2567—2021	树脂浇铸体力学性能试验方法总则
GB/T 1033—1986	塑料比重试验方法
GB/T 1034—2008	塑料吸水性试验方法
GB/T 1035—1970	塑料马丁耐热性试验方法
GB/T 1036—1989	塑料线膨胀系数试验方法
GB/T 1039—1992	塑料力学性能试验方法总则

GB/T 1040.1—2018	塑料拉伸试验方法
GB/T 1041—2008	塑料压缩试验方法
GB/T 9341—2000	塑料弯曲试验方法
GB/T 1043.1—2008	塑料简支梁冲击试验方法
GB/T 1633—2000	热塑性塑料软化点（维卡）试验方法
GB/T 1634—2004	塑料弯曲负荷热变形温度试验方法
GB/T 1454—2021	玻璃钢蜂窝夹层结构侧压试验方法
GB/T 1455—2022	玻璃钢蜂窝夹层结构或芯子剪切试验方法
GB/T 1456—2021	玻璃钢蜂窝夹层结构弯曲试验方法
GB/T 1457—2022	玻璃钢蜂窝夹层结构滚筒剥离试验方法
GB/T 1462—2005	纤维增强塑料吸水性试验方法
GB/T 1463—2005	纤维增强塑料密度和相对密度试验方法
GB/T 2573—2008	纤维增强塑料老化性能试验方法
GB/T 2576—2005	纤维增强塑料树脂不可溶分含量试验方法
GB/T 2577—2005	纤维增强塑料树脂含量试验方法
JC/T 287—2010	纤维增强塑料空隙率含量试验方法

参 考 文 献

[1] 欧阳国恩. 复合材料试验技术[M]. 武汉：武汉理工大学，2009.

[2] 周建萍，梁红波，范红青. 高分子材料与工程实验[M]. 北京：北京航空航天大学出版社，2018.

[3] 张海，赵素和. 橡胶及塑料加工工艺[M]. 北京：化学工业出版社，2006.

[4] 吴智华. 高分子材料加工工程实验教程[M]. 北京：化学工业出版社，2004.

[5] 全国纤维增强塑料标准化技术委员会秘书处. 纤维增强塑料（玻璃钢）标准汇编[M]. 北京：中国标准出版社，2012.

[6] 藤敏康. 实验误差与数据处理[M]. 南京：南京大学出版社，1989.

[7] 赵渠深，郭恩明. 先进复合材料手册[M]. 北京：机械工业出版社，2003.